老年人科学素质提升研究 理论构建与实践探索

孙小莉　张艳欣　吴媛　著

人民邮电出版社

北　京

图书在版编目（CIP）数据

老年人科学素质提升研究：理论构建与实践探索 / 孙小莉，张艳欣，吴媛著. -- 北京：人民邮电出版社，2024. 12. -- ISBN 978-7-115-64666-8

Ⅰ. G322

中国国家版本馆 CIP 数据核字第 2024SJ3898 号

内 容 提 要

本书注重理论与实践的结合、定性分析与定量分析的结合，采用文献研究、问卷调查、案例调查等多元化研究方法，调查老年人科学素质现状。以数字素养和健康素养两方面为重点，分析提升老年人科学素质过程中面临的问题。此外，本书提供了大量全国各地践行"智慧助老"行动的案例，并结合实践案例提出了老年人科学素质提升的路径和建议。

本书分析了人口老龄化的新特征和提升老年人科学素质的重要意义，有助于相关机构和人士积极应对人口老龄化，营造积极老龄观、健康老龄观的社会氛围，并更好地帮助老年人提高适应社会发展的能力，增强老年人的获得感、幸福感、安全感，使其实现老有所乐、老有所学、老有所为。本书适合关心老龄事业的研究者、科普工作者、社会工作者参考使用。

- ◆ 著　　　孙小莉　张艳欣　吴　媛
  责任编辑　高梦涵
  责任印制　马振武
- ◆ 人民邮电出版社出版发行　　北京市丰台区成寿寺路 11 号
  邮编　100164　电子邮件　315@ptpress.com.cn
  网址　https://www.ptpress.com.cn
  固安县铭成印刷有限公司印刷
- ◆ 开本：720×960　1/16
  印张：11.5　　　　　　　　　　2024 年 12 月第 1 版
  字数：160 千字　　　　　　　　2024 年 12 月河北第 1 次印刷

定价：59.90 元

读者服务热线：(010) 81055532　印装质量热线：(010) 81055316
反盗版热线：(010) 81055315
广告经营许可证：京东市监广登字 20170147 号

前　言

科学素质是国民素质的重要组成部分，是社会文明进步的基础。

在科技强国建设和老龄化程度加深的进程中，老年人科学素质提升越来越重要。老年人是提高我国全民科学素质不可忽视的重要群体。而全民提高科学素质对于增强国家自主创新能力和文化软实力、全面建设社会主义现代化国家，具有十分重要的意义。截至 2022 年底，全国 60 周岁及以上老年人口已达 2.8 亿人，占总人口的 19.8%。老龄化程度加深和信息化转型加速，使得老年群体的科学素质短板愈发凸显。调查显示，2022 年我国 60 至 69 周岁年龄段老年人具备科学素质的比例为 4.42%，比 2020 年的 3.52% 增长 0.9个百分点，比 2022 年我国公民具备科学素质的比例 12.93% 低 8.51 个百分点，反映了老年人整体科学素质的水平较低、基础薄弱、提高速度缓慢，与全体公民的差距大等特点。提升老年人科学素质，不仅能帮助老年人更好地适应社会发展、实现个人价值，还能促进社会和谐，是实施积极应对人口老龄化国家战略和服务科技强国建设的重要举措。

"十四五"时期，提升老年人科学素质水平有了新目标。为帮助"银发族"跨越"数字鸿沟"，2021 年，国务院印发《全民科学素质行动规划纲要（2021—2035 年）》（以下简称《纲要》），首次将老年人纳入重点提升人群。《纲要》提出"以提升信息素养和健康素养为重点，提高老年人适应社会发展的能力，增强获得感、幸福感、安全感，实现老有所乐、老有所学、老有所为。实施"智慧助老"行动……普及智能技术知识和技能，提升老年人信息获取、识别和使用能力，有效预防和应对网络谣言、电信诈骗。"

面对新时期的新要求和新使命，用新的实践策略和路径精准有效提升老年人科学素质越发重要。2021 年出台的《中共中央　国务院关于加强新时代老龄工作的意见》体现了我国老龄工作理论创新的成果和实践经验，是促进新时代老龄工作开新局、老龄事业谋新篇的纲领性文件。该文件的印发彰显出党中央、国务院对实施积极应对人口老龄化国家战略的高度关切，对老龄事业高质量发展的高度重视，以及对广大老年群体的高度关爱。《中国老科协、中国科协科普部关于创建老年科技大学的指导意见》从推进全民科学素质行动层面，为有力提升老年人科学素质、积极应对人口老龄化国家战略给予了明确的政策支持。

本书介绍的相关研究，立足于我国人口年龄结构变化呈现出的新特征和人口老龄化发展的新阶段，采用文献研究、问卷调查、案例调查等方式，进行关键数据抓取。研究的重点内容是老年人数字素养（鉴于数字素养诞生于数字时代，是信息素养在互联网时代、数字时代的新发展，本研究将数字素养认为是信息素养在数字时代的升级版，因此本研究中所涉及的信息素养可理解为数字素养，不做概念及内涵层面的深入辨析）及健康素养的调研及分析，具体的研究方法及路线描述如下。

（1）文献研究。一是对政策文件进行调研，主要对全国各省、自治区、直辖市落实《纲要》的方案进行梳理分析，聚焦老年人科学素质提升行动的任务内容，对比各省市（区）的重要决策并重点关注不同点，对各省市（区）落实《纲要》的情况进行探究。二是对研究文献进行调研，主要对老年人科学素质相关研究文献进行抓取，并分析研究现状及热点问题。

（2）问卷及访谈调查。一是设计老年人科学素质调查指标体系及调查问卷，面向全国老年人开展科学素质调查，分析其科学素质现状及存在的问题。二是就科普场馆开展老年教育活动的情况设计调查问卷，了解科普场馆开展老年教育的情况和遇到的困难。三是面向老年人开展访谈调研，了解在老年人科学素质提升过程中存在的难题和老年人的实际需要。四是面向研究人员进行与课题相关的咨询，寻求他们的建议。

（3）实践案例分析。 一是抓取"智慧助老"行动相关案例数据并分析。二是抓取并分析健康相关案例数据及健康网站数据。三是在中国老科学技术工作者协会、老年大学、老年科技大学等相关机构进行实地调研，了解我国老年教育开展的现状及存在的问题。

基于上述研究方法和路线，本研究分析人口老龄化的新特征和提升老年人科学素质的重要意义，并以数字素养和健康素养为重点，调查老年人科学素质现状，分析在提升老年人科学素质过程中面临的问题，提出老年人科学素质提升的路径。本研究一方面能更好服务老年人全面发展，为构建积极老龄化社会、实现我国社会老龄化的平稳过渡寻找中国式途径；另一方面能探索并开发老龄人力资源，助力实现健康老龄化，有助于解决我国高水平人力资源的短缺问题，充分发掘老龄人口的"智慧红利"，推动老龄事业的高质量发展。

本书是在 2023 年中国科协创新战略研究院科研项目"老年人科学素质提升研究"项目支持下开展的理论和实践研究的重要成果，项目得到了中国老科学技术工作者协会、北京科学中心的大力支持。数据调查得到了内蒙古科技馆、宁夏科技馆、山东滨州科技馆、许昌科技馆、天津科技馆、国家开放大学、北京师范大学、北京市夕阳再晨社会工作服务中心等单位的热心帮助，在此一并表示诚挚的感谢！本书在编写过程中得到科普领域、老年教育领域、老龄政策研究领域等诸多专家的指导，在此表示衷心的感谢。本书作者是北京科学中心、中国科协创新战略研究院从事老年科普工作的研究人员，在老年教育、老年科技大学建设、老科技工作者队伍建设及作用发挥等方面有一定的研究基础。由于在调查范围和深度上还存在诸多不足，加之作者水平有限，不足之处恳请各位专家、学者及读者给予批评指正。

目 录

第一章

老年人科学素质提升研究的理论基础

第一节　我国老年人口老龄化现状

《中华人民共和国老年人权益保障法》规定，60 周岁及以上的中华人民共和国公民属于老年人。近些年来，我国人口老龄化趋势在不断加剧，老年人口数量和比例都在不断增加。根据联合国有关文件，当一个国家或地区 60 周岁及以上人口数量占总人口数量的 10%，或 65 周岁及以上人口数量占总人口数量的 7% 时，该国家或地区则被视为已经进入老龄化社会。

根据近几次人口普查及国家统计局的数据，近年来我国老年人口占总人口比例如图 1-1 所示。截至 2000 年，我国 60 周岁以及以上老年人口占 10.46%，65 周岁及以上老年人口占 6.96%。2010 年我国 60 周岁及以上老年人口占 13.26%，65 周岁及以上老年人口占 8.87%[1]。2018 年底，我国 60 周岁及以上老年人口已经达到 2.49 亿人，占比为 17.9%；65 周岁及以上老年人口达到 1.67 亿人，占比为 11.9%[2]。截至 2020 年 11 月，我国 60 周岁及以上老年人口已经达到 2.6 亿，占总人口的比例为 18.7%，65 周岁及以上老年人占总人口的 13.5%。到 2022 年底，我国 60 周岁以上老年人口 2.8 亿，占比为 19.8%，65 周岁及以上老年人口达到 2 亿人，占比为 14.9%[3]。预计到 2035 年，我国 60 周岁及以上老年人口将超过 4 亿，占总人口的比例将超过 30%。据数据推算，预计"十四五"时期，我国将进入中度老龄化阶段（60 周岁以上老年人占总人口比例 20%~30%），2035 年我国将进入重度老龄化阶段（60

1　穆光宗，张团. 我国人口老龄化的发展趋势及其战略应对 [J]. 华中师范大学学报（人文社会科学版），2011,50(5)：29-36.

2　国家统计局 . 中华人民共和国 2018 年国民经济和社会发展统计公报 [EB/OL]. (2019-02-28)[2023-11-27].

3　国家统计局 . 中华人民共和国 2022 年国民经济和社会发展统计公报 [EB/OL].(2023-02-28)[2023-11-27].

周岁以上老年人占总人口比例 30%~40%）[4]。

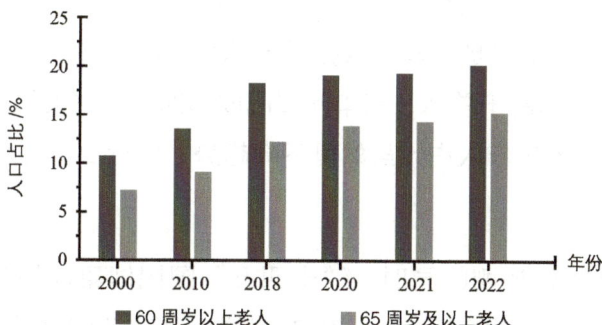

图 1-1　我国老年人口占比情况

　　老龄化加速的其中一个指标是超过 65 周岁的人口比例从 7% 上升到 14% 的时间间隔。我国这一时间间隔为 21 年（2000—2021 年），而法国的这一时间间隔为 115 年，瑞典的这一时间间隔为 85 年，美国的这一时间间隔为 69 年，英国的时间间隔为 45 年[5]。从老龄化发展进程来看，我国老龄化发展进程远快于这些发达国家。不论是"先富后老"的发达国家，还是"未富先老"的发展中国家，都面临着老龄化带来的经济保障、养老保障、劳动力市场等诸多问题。

　　从我国老年网民情况来看，据《中国互联网络发展状况统计报告》显示，截至 2020 年 12 月，我国老年网民（60 周岁以上）达 1.11 亿人，约占 9.89 亿网民人数的 11.2%，4.16 亿非网民中大约有 1.91 亿是老年人，约占老年人口总体的 73.5%[6]。截至 2022 年 6 月，我国 60 周岁以上老年网民达 1.19 亿人，老年网民约占 10.51 亿网民人数的 11.3%，3.62 亿非网民中大约有 1.51 亿是老年

4　宣传司. 国家卫生健康委员会 2022 年 9 月 20 日新闻发布会文字实录 [EB/OL].(2022-09-20)[2023-11-27].

5　刘文，焦佩. 国际视野中的积极老龄化研究 [J]. 中山大学学报（社会科学版），2015(1)：167-180.

6　中国互联网络信息中心. 第 47 次《中国互联网络发展状况统计报告》[EB/OL].(2021-02-03)[2023-12-03].

人，约占老年人口总体的 53.9%[7]。截至 2023 年 6 月，我国 60 周岁以上老年网民达 1.40 亿人，老年网民约占 10.79 亿网民人数的 13%，但是中国的 3.33 亿非网民中大约有 1.40 亿是老年人，约占老年人口总体的 49.9%[8]。可以看出，老年网民的数量增速高于总体，老年网民已成为网民的主要增量和重要组成部分；非网民中的老年人占比虽然呈下降趋势，但近 50% 的老年人仍未接触网络。

在人口老龄化加剧的同时，《"十四五"国民健康规划》指出"2015 年至 2020 年，人均预期寿命从 76.34 岁提高到 77.93 岁"，"展望 2035 年，……人均预期寿命达到 80 岁以上"，可见老年期在人生历程中所占的比重越来越大[9]。另外，据中国社会科学院的程杰等利用 2016 年城市劳动力住户抽样调查（China Urban Labor Survey，CULS）数据计算，退休人口的劳动参与率仅为 4.2%，65 周岁及以上老年人劳动参与率仅为 1.8%，远低于主要发达国家[10]。

在上述数据中有三个方面值得注意：一是老年人口占比及老龄化加速情况，即我国人口老龄化程度不断加深，同时低龄老年（60—69 周岁）人口占比大、老年期在人生历程中所占的比重越来越大；二是老年网民的数据显示，跟不上社会发展步伐的老年群体占比大；三是我国人均预期寿命及退休人口劳动参与情况显示出老年人的劳动参与率低。在人口老龄化的现实背景下，面对老年人跟不上社会发展步伐、劳动参与率低的现状，我国迫切需要提升老年人科学素质，使其崇尚科学精神，树立科学思想，掌握基本科学方法，了解必要

---

7 中国互联网络信息中心 . 第 50 次《中国互联网络发展状况统计报告》[EB/OL].(2022-08-31) [2023-12-03].

8 中国互联网络信息中心 . 第 52 次《中国互联网络发展状况统计报告》发布 [EB/OL].（2023-09-14） [2023-12-03].

9 "十四五"国民健康规划 [J]. 健康中国观察 ,2022(6)：12-25.

10 程杰 , 李冉 . 中国退休人口劳动参与率为何如此之低？——兼论中老年人力资源开发的挑战与方向 [J]. 北京师范大学学报（社会科学版）,2022(2)：143-155.

的科技知识，并具有科学分析、判断事物和解决实际问题的能力。提升老年人科学素质可以帮助老年人更好地适应社会发展，增强老年人的获得感、幸福感、安全感，为实施积极应对老龄化战略做好支撑。基于此，开展老年人科学素质提升研究具有重要的现实意义与价值。

第二节　老年人科学素质提升的政策背景与支持

　　进入 21 世纪后，随着人口老龄化趋势的加剧，如何应对并解决老龄化所带来的一系列问题成为世界各国关注的焦点之一。为实施积极应对人口老龄化国家战略，我国陆续出台了一系列关于养老保障、科学素质、老年教育、积极老龄化等方面的有力政策和措施，加强新时代老龄工作，不断满足数量庞大的老年人多方面的需求，妥善解决人口老龄化带来的社会问题，提升广大老年人的获得感、幸福感、安全感。"公民具备科学素质是指崇尚科学精神，树立科学思想，掌握基本科学方法，了解必要科技知识，并具有应用它们解决实际问题、参与公共事务的能力。"[摘自《全民科学素质行动计划纲要》（ 2006-2010-2020 年 ）] 科学素质通俗来讲是指一个人对科学的兴趣、对科学方法的了解、对科学技术的态度和应用等。无论是老年人还是年轻人，都应该保持对科学的关注和学习，不断提升自己的科学素质。而老年人科学素质是指老年人在日常生活中表现出的科学精神、科学态度和科学方法、科学思想等层面的认知，以及在面对问题时能够运用科学思维进行决策和解决问题的能力。老年人科学素质提升既需要促进老龄事业发展的环境保障，也需要对老年人急需的信息素养、健康素养提升的行动支持。本节梳理了这些政策文件并提炼出了其中值得关注的重点内容。

　　在推动老龄事业高质量发展、老年友好型社会建设方面，《全民科学素质行动规划纲要（2021—2035）》（以下简称《纲要》）首次将老年人纳入科学素质提升的重点人群，提出"以提升信息素养和健康素养为重点，提高老年人适应社会发展能力，增强获得感、幸福感、安全感，实现老有所乐、老有所学、老有所为。……实施智慧助老行动。……加强老年人健康科普服务。……实施银龄科普行动。"《关于新时代进一步加强科学技术普及工作的意见》指出，"强化老龄工作中的科普。……提升老年人信息获取、识别、应用等能力"。《关于加强新时代老龄工作的意见》将"积极老龄观、健康老龄化融入经济社会发展全过程，推动老龄事业高质量发展"。

在提升老年人数字素养方面，《关于切实解决老年人运用智能技术困难的实施方案》提出要着力解决老年人、残疾人等特殊群体在使用互联网等智能技术时遇到的困难，推动充分兼顾老年人、残疾人需求的信息化社会建设。《中共中央关于制定国民经济和社会发展第十四个五年规划和二〇三五年远景目标的建议》提出"提升全民数字技能，实现信息服务全覆盖"。《中华人民共和国国民经济和社会发展第十四个五年规划和2035年远景目标纲要》强调"加快数字化发展　建设数字中国"，"加强全民数字技能教育与培训，普及提升公民数字素养"。《提升全民数字素养与技能行动纲要》对提升全民数字素养与技能作出安排部署，提出"提升高品质数字生活水平"重点工作，实施数字助老助残行动，开展数字社会无障碍和适老化改造提升工程，提升互联网应用适老化水平及无障碍普及率，构建全龄友好包容社会。

在健康素养提升方面，为落实健康中国战略，《健康中国行动（2019—2030年）》提出"牢固树立'大卫生、大健康'理念，坚持预防为主、防治结合的原则……聚焦重点人群，实施一批重大行动……建立健全健康教育体系……促进以治病为中心向以健康为中心转变，提高人民健康水平。"《中华人民共和国基本医疗卫生与健康促进法》明确将健康教育纳入国民教育体系。《"十四五"健康老龄化规划》将"强化健康教育，提高老年人主动健康能力"作为"十四五"期间老年健康事业发展的主要任务。

以上各项政策的制定和落地实施，为促进老年人科学素质提升提供了有力的政策导向和支持，在整个社会层面形成强化老龄工作的意识，也从社会环境、资源供给、服务保障等方面为老年人科学素质提升做好基础支撑，同时也指明了老年人科学素质提升的方向、目标、任务以及路径等。

第三节　老年人科学素质的内涵

《纲要》指出，"科学素质是国民素质的重要组成部分，是社会文明进步的基础。公民具备科学素质是指崇尚科学精神，树立科学思想，掌握基本科学方法，了解必要科技知识，并具有应用其分析判断事物和解决实际问题的能力。提升科学素质，对于公民树立科学的世界观和方法论，对于增强国家自主创新能力和文化软实力、建设社会主义现代化强国，具有十分重要的意义[11]。"

中共中央网络安全和信息化委员会办公室颁布的《提升全民数字素养与技能行动纲要》指出，"数字素养与技能是数字社会公民学习、工作、生活应具备的数字获取、制作、使用、评价、交互、分享、创新、安全保障、伦理道德等一系列素质与能力的集合[12]。"老年人数字素养的提升是指帮助老年人提升其获取、评估、使用和创造数字信息的能力，以及在面对数字信息时能够运用科学思维进行决策和解决问题的能力。其中，获取数字信息的能力表现为使用搜索引擎、社交媒体等渠道获取信息等；评估数字信息真伪的能力表现为判断信息的来源是否可靠、内容是否真实等；使用数字信息解决问题的能力表现为利用数字信息技术进行交流、学习、娱乐等；创造数字信息

11 全民科学素质行动规划纲要（2021—2035 年）[M].北京：人民出版社，2021.
12 中央网络安全和信息化委员会办公室.提升全民数字素养与技能行动纲要 [EB/OL]. (2021-11-05)
[2023-11-27].

的能力表现为使用数字信息技术进行创作、发布等。可见，数字素养与技能是一个涵盖多领域、多维度的综合数字认知及应用能力，提高老年人数字素养与技能的核心目的是促进老年人适应不同场景下的数字环境，帮助老年人畅享以及创造美好生活。

健康素养是指个人获取、理解基本健康信息和服务，并运用这些信息和服务做出正确决策，以维护和促进自身健康的能力。通俗地讲，健康素养是个体运用掌握的健康知识和技能去应对和解决自身健康问题、维护和促进自身健康的能力。健康素养包括基本知识和理念、健康生活方式与行为、基本技能三个维度，涵盖科学健康观、传染病防治、慢性病防治、安全与急救、基本医疗、健康信息六类健康问题素养[13]。老年人健康素养的提升是指帮助老年人提升获取、评估、使用和创造健康知识的能力，以及在面对健康问题时能够运用科学思维进行决策和解决问题的能力。其中，获取健康知识的能力表现为了解营养学、运动学、医学等知识并理解科学健康观；评估健康信息的能力表现为判断健康信息的来源是否可靠、信息的内容是否科学等；使用健康知识的能力表现为根据所学知识调整饮食、运动等生活方式；创造健康知识的能力表现为参与健康知识的传播、教育等活动。

总之，老年人数字素养和健康素养是相互关联的，它们共同构成了老年人在日常生活中所需要具备的重要素质和能力，也是老年人科学素质的核心组成部分。提升这些素质和能力，不仅可以使老年人更好地适应社会的发展，提高生活质量，还可以促进老年人力资源发挥作用，为推动社会经济发展和积极老龄化建设做好基础支撑。

13　全国爱国卫生运动委员会办公室编著 . 国家卫生城市标准 2014 版指导手册 [M]. 北京：人民卫生出版社，2015.

第四节　提升老年人科学素质的重要意义

有效应对我国人口老龄化关系到国家发展全局、亿万百姓的福祉以及社会的和谐稳定。实施老年人科学素质提升行动，补齐全民科学素质提升短板，是实施积极应对人口老龄化国家战略的重要举措，是把积极老龄观、健康老龄化理念融入经济社会发展全过程并有效应对我国人口老龄化、推动老龄事业高质量发展的关键抓手，是充分挖掘老年人力资源红利，变人口老龄化的挑战为机遇的有效路径。

提升老年人科学素质对老年人个体来讲有五大重要意义。

第一是可以帮助老年人适应科技发展带来的变化。科技的发展，智能化、数字化等手段日益普及，对人们的生活和工作方式产生了重大影响。老年人作为社会的重要群体，也需要适应这种发展趋势，掌握必要的科技知识和技能，以便更好地融入社会、享受生活。

第二是可以帮助老年人提高生活质量。通过提升科学素质，老年人可以更好地适应现代社会的发展，提高生活质量。例如，他们可以更有效地使用科技产品，让生活更便利。科学素质的提升可以帮助老年人更好地理解和应用科学知识，改善生活质量。例如，掌握健康饮食、安全用药等知识，可以预防疾病、保持身体健康。

第三是可以帮助老年人增强自我保护能力。老年人在生活中可能会面临各种风险和挑战，如健康问题、金融诈骗、消费陷阱等。具备较高科学素质的老年人会更加注重健康的生活方式（如合理饮食、适量运动和定期体检等），从而更好地保障自身健康。提升科学素质可以帮助老年人更好地识别和应对这些风险，了解食品安全、网络安全等知识，防范电信诈骗，增强自我保护能力，避免出现不必要的损失和受到伤害。

第四是可以帮助老年人为促进社会和谐发展做出贡献。老年人是社会的重要组成部分，他们的科学素质水平直接关系到社会的和谐稳定。提升老年人的科学素质，可以促使老年人更积极地参与社会活动和学习新知识，提高社会参与度，发挥余热，为社会发展做出贡献。具备较高科学素质的老年人可以更好地理解和接纳现代科技，缩小与年轻人的代沟，促进家庭和社会的和谐。

第五是可以帮助老年人实现其个人价值。通过学习新知识、掌握新技能，老年人可以不断充实自己，实现自我提升和自我超越，创造更加丰富多彩的生活。

促进老年群体科学素质提升对社会整体而言有四大意义。

第一，其是促进全民科学素质提升的关键环节。老年人是我国社会人口的重要组成部分，在进行全民科学素质提升的规划时，必须充分考虑老年群体。因此，在《纲要》中，老年人与青少年、农民、产业工人、领导干部和公务员五大群体共同被确定为科学素质提升行动的重点人群。

第二，其是促进老年群体自身发展的主要内容。老年群体的身心发展阶段决定了他们对医疗保健、健康生活方面的需求巨大，老年群体提高健康生活品质的愿望十分强烈；同时，60 多岁的老年群体普遍出生在 20 世纪 60 年代及以前，而近十几年是信息化迅猛发展的阶段，在高度信息化、数字化、智能化时代转型过程中出现了很多新生事物，老年群体在对这些新生事物的认识和使用上存在许多障碍，对智能设备的使用和新生事物的认知需求也十分强烈。此外，老年群体在身心需求迫切和信息认知障碍的双重压力下，容易成为被网络谣言、电信诈骗伤害的重点对象，因此，对老年群体进行科学普及是保障并帮助老年群体身心发展的重要内容。

第三，其是合理优化老年人力资源的重要补充。在此前的调查中，我们可以看到，老年群体的科学素质呈两极分布，一部分老年人受教育程度不高，科学素质较差；另一部分老年人则是受教育程度较高，有着较好的专业背景，并且在其专业领域有精湛技能和丰富阅历。因此，在讨论如何提升老年群体的科学素质这一问题时，应当根据老年群体的科学素质基础探究不同的路径。特别是科学素质水平和专业技能水平较高的老年群体，他们是促进老年人科学素质提升的重要资源，应当广泛吸收其成为提供科学素质提升服务的志愿者、专家。

第四，其是构建积极老龄化社会的必然要求。2002 年世界卫生组织出版的《积极老龄化政策框架》一书中提出"积极老龄化"，积极老龄化以"独立、参与、尊严、照料和自我实现"的原则为理论基础，以"健康、参与、保障"为基本支柱，积极应对老龄发展战略[14]；2020 年党的十九届五中全会召开，积极老龄化理念不仅被纳入"十四五"规划，而且还将积极应对人口老龄化上升到国家战略的高度。2021 年《中共中央、国务院关于加强新时代老龄工作的意见》（以下简称《意见》）提出"实施积极应对人口老龄化国家战略，把积极老龄观、健康老龄化理念融入经济社会发展全过程"[15]。《积极老龄化政策框架》及《意见》均将"社会参与"作为践行积极老龄观的重要内容。在数字化与老龄化交叠并存的时代，数字化障碍造成了老年群体维护平等参与权利弱化、享受数字信息红利不足等现象，提升老年人科学素质不仅为老年人提供了更多学习和生活的便利，也保障了老年人业等参与、平等发展的权利。

总之，中国人口老龄化趋势在不断加剧，老年人口数量和比例都在不断

14　世界卫生组织编；中国老龄协会译 . 积极老龄化政策框架 [M]. 北京：华龄出版社，2003.10.

15　中共中央 国务院关于加强新时代老龄工作的意见 [EB/OL].(2021-11-18)[2024-03-17].

增加。在人口老龄化加剧以及老年人科学素质相对较低的现状下，通过有力的支持政策、激励机制、发展路径和社会环境等促进老年人科学素质的提升，不仅能帮助老年人更好地适应社会发展、提高生活质量、增强自我保护能力，还在促进社会和谐建设、实现个人和社会价值等方面具有非常重要的现实意义和必要性。

第二章

老年人科学素质的现状分析

第一节　老年人科学素质的概况及存在的突出问题

一、老年人科学素质概况

中国公民科学素质抽样调查结果显示，2018 年我国 60 至 69 周岁公民具备科学素质的比例仅为 1.62%，远低于我国公民科学素质水平（一个国家公民科学素质水平用具备科学素质的公民人数占 18 至 69 周岁总人口的百分比表示），即 8.47%[16]；2020 年我国 60 至 69 周岁公民具备科学素质的比例仅为 3.52%，远低于我国公民科学素质水平 10.56%[17]。2022 年我国 60 至 69 周岁公民具备科学素质的比例为 4.42%，相比 2020 年的 3.52% 增长了 0.9 个百分点，比 2022 年我国公民科学素质水平 12.93% 低 8.51 个百分点[18]。2023 年我国 60 至 69 周岁公民具备科学素质的比例为 4.45%，比 2022 年的 4.42% 仅增长 0.03 个百分点[19]。具体如图 2-1 所示。

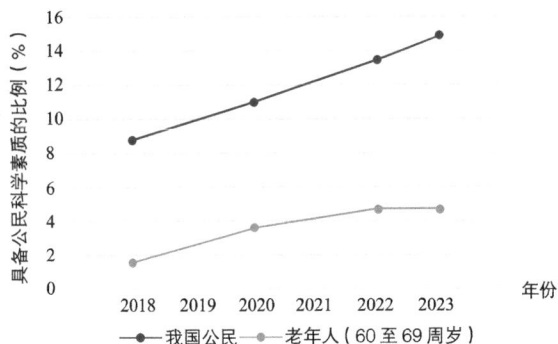

图 2-1　我国公民及老年人科学素质发展状况

16　全民科学素质纲要实施工作办公室，中国科普研究所 .2018 中国公民科学素质调查主要结果 [EB/OL].(2018-09-19)[2023-10-31].

17　中国公民科学素质调查课题组，第十一次中国公民科学素质抽样调查主要结果发布 [J]. 科普研究，2021,16（1）：94-95.

18　高宏斌，任磊，李秀菊等 . 我国公民科学素质的现状与发展对策——基于第十二次中国公民科学素质抽样调查的实证研究 [J]. 科普研究 ,2023,18(3)：5-14,22,109.

19　喻思南 . 我国公民具备科学素质比例提速增长 [N]. 人民日报 ,2024-04-17(012).

总的来说，老年人的科学素质特点如下。（1）老年人总体科学素质水平低、基础薄弱、增长缓慢，与全体公民的差距不断拉大。（2）老年人科学素质状况与全体公民素质状况均受地域发展状况、性别、教育程度、城乡分布等因素影响。（3）老年人在信息获取、科学素质维度特征等方面，与全体公民存在明显的群体差异。（4）老年人科学素质提升存在基础差、难度大等特点。

二、老年人科学素质提升面临的突出问题

由于生理机能减退和组织器官衰老、社会角色改变、社会活动减少等客观因素，老年人的社会适应能力明显减弱。再者，目前我国老年人的受教育程度普遍较低，大部分老年人在年轻时没有机会接受良好的教育，这导致他们的文化水平和知识储备有限。这些都影响了他们在晚年生活中获取新知识、新技能的能力。尤其在全球科技大发展、信息技术和网络技术大普及的时代，老年人的科学素质长期处于低水平、低增长的状态。

结合老年人科学素质的整体状况，从老年人自身层面分析，老年人科学素质提升面临以下几个突出的问题。

（一）科学素质基础薄弱

科学知识缺乏：许多老年人对科学知识和科技发展了解不足，他们可能缺乏对科技发展的了解和对新知识的掌握，这导致他们无法正确使用或理解一些科技产品或服务。

科技应用能力有限：许多老年人可能不会使用现代化的科技产品和服务，这会影响他们的生活质量和社会参与度。例如，一些老年人可能不会使用智能手机、网络等现代通信工具，导致他们与社会脱节。

科学态度和科学精神缺乏：一些老年人可能缺乏科学态度和科学精神，

对科学探索和创新持怀疑态度，不愿意尝试新的科技产品和服务。

（二）存在"数字鸿沟"

随着信息技术的发展，老年人面临着使用现代通信工具、网络技术等新技术的挑战。老年人因缺乏信息获取、评估和使用的能力，可能无法有效地获取和理解信息，也可能无法准确地评估信息的真伪和来源的可靠性。这不但影响了他们获取信息、交流沟通的能力，还导致他们容易受到网络诈骗、虚假信息等的影响。

（三）学习能力整体偏弱

由于年龄和身体健康状况等因素的影响，一些老年人的学习能力较弱，难以适应不断变化的社会环境和新的生活挑战。他们可能难以掌握新技能、新知识，难以适应新的生活方式和社会角色，这也会影响他们的生活质量和幸福感。

（四）健康素养水平低

老年人因普遍缺乏健康知识和科学的健康理念，对健康生活方式和行为了解得不够深入，并且没有掌握相关的健康技能，所以无法准确地评估健康信息的科学性和真实性，在面对健康问题时难以做出科学的决策来解决问题，不但可能延误病情，而且可能加剧他们对医疗服务的过度依赖。

（五）社会参与度明显不足

一方面，由于社会结构、家庭关系、社会环境等多方面因素的影响，另一方面，因年龄等自身原因，老年人缺乏搭建社交网络、参与社会活动的机会和动力，许多老年人在社会参与度方面明显存在不足，这不仅影响他们的生活质量和幸福感，还可能导致他们与社会脱节。

第二节 《全民科学素质行动规划纲要（2021—2035 年）》在各省、自治区、直辖市的实施进展

2021 年，国务院印发的《纲要》首次将老年人纳入科学素质提升的重点人群，提出"以提升信息素养和健康素养为重点，提高老年人适应社会发展能力，增强获得感、幸福感、安全感，实现老有所乐、老有所学、老有所为"，通过实施"智慧助老"行动、加强老年人健康科普服务以及实施银龄科普行动三项重点任务推动老年人科学素质的提升。本节以《纲要》为例，从政策宣传推广层面，分析政策文件在除港澳台地区以外的 31 个省、直辖市、自治区的落实情况。

基于知网数据库以及百度搜索，对这 31 个省、直辖市、自治区实施《纲要》的进展进行梳理，截至 2023 年 8 月 30 日，只有两个省级政府尚未在政府官方网站和其他资讯平台官方账号上发布《纲要》。对各省、自治区、直辖市老年人科学素质提升行动的具体内容进行分析，发现如下特点。

一是各省、自治区、直辖市落实《纲要》时，紧紧围绕《纲要》中老年人科学素质提升的三项重点任务，制定相对详细的方案措施。

二是 29 个省、直辖市、自治区的实施方案中，有 27 个省、直辖市、自治区的实施方案有明确的牵头部门和参与单位，这为《纲要》有效落实提供了保障。在有明确牵头部门的 27 个省、直辖市、自治区中，有 10 个由省级科协牵头或与其他部门联合牵头主责，其中北京、天津、辽宁、广东、重庆、陕西由科协单独主责；有 17 个由省级卫生健康委员会（以下简称"卫健委"）牵头或与其他部门联合牵头，其中河北、内蒙古、黑龙江、福建、江西、四川、西藏、甘肃、新疆由卫健委单独主责；有 6 个由省级民政厅牵头或与其他部门联合牵头主责，其中青海由民政厅单独主责；其他，如海南、宁夏由老干部局与其他部门联合牵头主责，河南由教育厅与其他部门联合牵头主责，

江苏、云南由省级发展改革委员会与其他部门联合牵头主责。

三是部分省、直辖市、自治区的重点任务有明确的量化指标。如浙江的"智慧助老"行动，指出加强老年人智能技术教育，开展"银龄跨越数字鸿沟"科普专项行动，计划到 2025 年，全省参与培训的老年人达 400 万人次以上；开展防范网络电信诈骗科普宣传，增强老年人的自我防范意识。福建开展智能技术运用互助互学活动，激发老年人自主学习意愿和活力，计划到 2025 年，参加科学体育健身的老年人占全省老年人总数的 60% 以上。陕西注重发挥离退休干部作用，持续深化"点赞陕西发展，助力追赶超越"活动，"十四五"期间，培训 300 名养老院院长、5 万名养老护理员。新疆把"科普中国"嵌入街道、社区各类综合服务平台，连接到自治区主流媒体及其新媒体平台，提出"十四五"末基本实现老年科技大学、老年志愿者队伍、老专家科普报告团在地（州、市）一级全覆盖，每年举办"科学大讲堂"活动 200 场次以上。天津提出老年科技大学实现区市基本全覆盖，县（市、区）覆盖率 60%。

四是部分省、直辖市、自治区的重点任务与地域特点紧密结合。例如海南建设老科学家科普教育基地，开展海南自由贸易港养老志愿服务"时间银行"试点，设立"候鸟"人才工作站，组建老专家科普报告团，开展"大手拉小手"活动。湖南开办面向老年群体的科普公众号，支持企业开发老年人康复训练及健康促进辅具等老年用品，培育发展老年金融、老年旅游、老年养生等多元化服务业态。

五是各省、自治区、直辖市从不同角度强调了银龄科普行动。例如江苏发挥老干部、老战士、老专家、老教师、老模范基层"五老"的智力优势，坚持自愿参加、就地就近、量力而行、主动作为，组建理论宣讲、文化服务、医疗健康和科技科普等类别的志愿服务队。部分地区强调"一小一老"互学共提升，例如北京提出发挥代际学习作用，"以小协老"提升老年人信息素养；湖北提出开展"小手拉大手"家庭科普教育，动员中小学生把科学知识带回家庭，对老年人进行科普宣传，促进平安家庭、和谐家庭建设。

总的来说，一是各省、自治区、直辖市根据《纲要》制定了省级落实方案，明确了责任部门，省级卫健委、科协、民政厅是主要牵头部门，为重点任务的落实提供支持保障。二是部分省、直辖市、自治区明确了老年人受众覆盖面和相关服务的量化指标，这更有利于推动任务落实。三是各省、自治区、直辖市落实老年人科学素质提升的形式缺乏创新，基本形式集中在讲座、培训和咨询。四是在落实智慧助老行动方面，各省、自治区、直辖市聚焦老年人运用智能技术、融入智慧社会的需求和困难，依托老年大学、老干部大学、社区科普大学、养老服务机构等普及相关技能，但在相关教育基础设施建设方面没有明确的计划。

第三节　基于实证的老年人科学素质现状调查

一、问卷设计及指标体系

我们结合中国公民科学素质抽样调查评价体系[20]以及全民数字素养与技能发展评价指标体系[21]，对标《纲要》老年人科学素质提升的目标和重点任务，广泛征求了专家意见，构建了老年人科学素质调查指标体系，设计问卷并开展调查。

本次调查内容主要包括老年人的科学素质状况及其影响因素，其中老年人科学素质状况以"数字素养"和"健康素养"调查为核心，影响因素包括受访者的科学意识、社会参与情况，以及背景情况（地区、城乡、性别、年

20　高宏斌，任磊，李秀菊等 . 我国公民科学素质的现状与发展对策——基于第十二次中国公民科学素质抽样调查的实证研究 [J]. 科普研究，2023, 18(3)：5-14+22+109.
21　胡俊平，曹金，董容容等 . 全民数字素养与技能评价的发展与实践进路 [J]. 科普研究，2023, 18(5)：5-13+111.

龄、文化程度、工作状态、经济条件、居住方式等）。调查问卷的设计充分结合当今社会背景、老年人身心发展特点、老年人需求等，围绕"数字素养""健康素养"两大核心展开，问卷涵盖"基本信息""认知和态度""素养状况""需求和建议"层面的 35 个问题。

调查指标以科学意识、数字化、健康老龄化、社会参与 4 个维度为一级指标，具体如表 2-1 所示。其中"数字化"下 3 个二级指标的权重：数字认知 25%、数字技能 50%、数字安全 25%，"健康老龄化"下 3 个二级指标的权重：基本知识和理念 40%、生活方式与行为 30%、基本技能 30%。基于科学意识、数字化、健康老龄化、社会参与 4 个维度的数据以及数字健康老龄化综合素质，全面考察并分析老年人科学素质状况、影响因素及存在的问题。

表 2-1 老年人科学素质调查指标体系

一级指标	二级指标	三级指标
科学意识	对科学的看法	科学对社会生活的影响；对科学的支持和理解程度
	对科学的兴趣	对科技内容的关注程度；对科学动态的了解程度；了解科学的途径；参加科技活动的情况
数字化	数字认知	设备使用；适应程度
	数字技能	通用技能；场景技能
	数字安全	正确使用及问题解决；鉴别及防范意识
健康老龄化	基本知识和理念	健康知识；健康态度
	生活方式与行为	健康行为
	基本技能	健康生活技能
社会参与	社会认同感	对社会参与的认识
	社会参与度	积极参与的行为；社会参与程度

二、问卷调查情况

鉴于我国部分老年人 55 周岁退休的现状，本次调查对象为 55 周岁及以上的老年人，其中包含全国老科技工作者，也包含其他老年人。考虑到老科技工作者文化程度总体较高（据了解，截至 2019 年底，我国老科技工作者已达 1929.6 万人，其中大学以上学历者 509 万人），所以老科技工作者采用线上调查的方式，其他老年人采用线下调查的方式。

本次调查共收集老科技工作者的问卷 1436 份，调查数据使用 Excel 软件录入，对数据进行了清理，以剔除无效问卷（作答时间少于 5 分钟、填写内容不清楚或与题目无关等的无效问卷），有效问卷 1369 份。通过线下调查的方式对非老科技工作者的老年人进行调研，按照我国地域划分，从东部、中部和西部中随机抽取了北京、天津、内蒙古、宁夏、山东、河南 6 个省、直辖市、自治区进行线下问卷投放，共收集 608 份问卷，删除答题不完整、单选做成多选、答题前后矛盾等的不规范问卷，有效问卷共 451 份。线上线下总计 1820 份。数据处理与分析主要采用了 SPSS 20.0 和 Python。

三、老科技工作者数据分析

（一）数据情况

老科技工作者调查数据基本情况如表 2-2 所示。

表 2-2 老科技工作者调查数据基本情况

类别	选项	样本量	百分比 / %
性别	男	840	61.4
	女	529	38.6
年龄	青年老年人（55 ~ 70 周岁）	1025	74.9
	中年老年人（71 ~ 80 周岁）	291	21.3
	高龄老年人（81 周岁及以上）	53	3.9

续表

类别	选项	样本量	百分比 / %
文化程度	小学及以下	2	0.2
	初中	14	1.0
文化程度	高中（中专、技校）	169	12.3
	大学专科	438	32.0
	大学本科	658	48.1
	研究生	88	6.4
居住方式	独自居住	93	6.8
	仅和配偶一起居住	865	63.2
	仅和子女或孙辈居住	68	5.0
	与配偶一起和子女或孙辈共同居住	321	23.4
	居住在敬老院 / 养老院	3	0.2
	保姆长期居家照顾	5	0.4
	其他	14	1.0
城乡区域	城市	1302	95.1
	农村	49	3.6
	其他	18	1.3
地区	东部地区	1145	83.6
	中部地区	142	10.4
	西部地区	80	5.8
	港澳台地区	2	0.1
工作状态	居家休闲	592	43.2
	照顾家庭	216	15.8
	退休返聘	133	9.7
	从事社会工作、公益事业及其他工作	357	26.1
	其他	71	5.2
经济条件	经济条件一般（月度可支出的生活费用在 2000 元及以下）	262	19.1
	经济条件较好（月度可支出的生活费用在 2001~6000 元）	759	55.4
	经济条件非常好（月度可支出的生活费用在 6001 元及以上）	348	25.4

类别	选项	样本量	百分比 / %
健康状况	非常好	147	10.7
	比较好	702	51.3
	一般	472	34.5
	比较差	48	3.5
	非常差	0	0.0

（二）基本情况分析

性别分布：共有 1369 名老科技工作者参与调查，其中男性有 840 人，占比约为 61.4%；女性有 529 人，占比约为 38.6%（如图 2-2 所示）。参与此次问卷调查的男女比例接近 3∶2，男性人数多于女性。

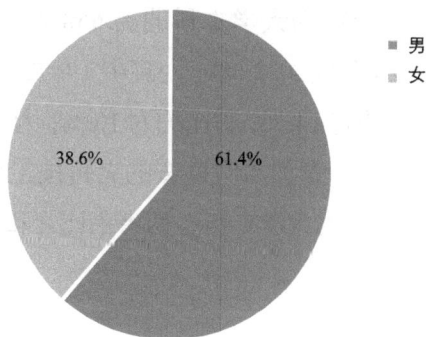

图 2-2 性别分布情况

参考我国老年人退休年龄、人口平均寿命以及期望寿命，将参与调查的老科技工作者分为 55 至 70 周岁的青年老年人、71 至 80 周岁的中年老年人以及 81 周岁及以上的高龄老年人。年龄分布：参与调查的 1369 名老科技工作者中，青年老年人有 1025 人，占比约为 74.9%；中年老年人有 291 人，占比约为 21.3%；高龄老年人有 53 人，占比约为 3.9%。参加本次调查的老科技工作者大部分是青年老年人，少部分是中年老年人和高龄老年人，如图 2-3 所示。

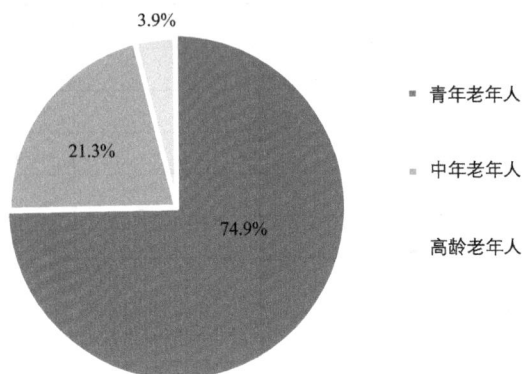

图 2-3　年龄分布情况

　　文化程度分布：参与调查的 1369 名老科技工作者中，最高学历为研究生的有 88 人，占比约为 6.4%；为大学本科的有 658 人，占比约为 48.1%；为大学专科的有 438 人，占比约为 32.0%；为高中（中专、技校）的有 169 人，占比约为 12.3%；为初中的有 14 人，占比约为 1.0%；为小学及以下的有 2 人，占比约为 0.2%。整体上看，参加本次调查的老科技工作者中，最高学历为大学本科的人数最多，其次为大学专科，两者占比之和约达到有效总样本的 80.1%，如图 2-4 所示。

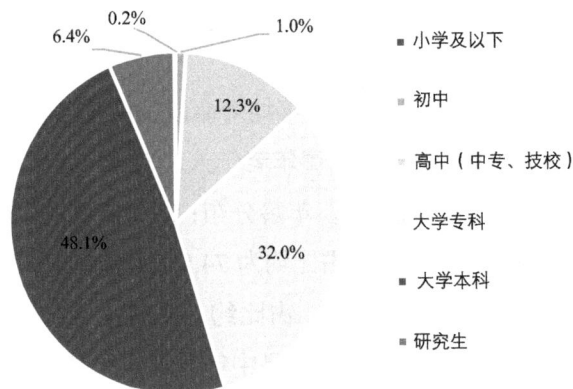

图 2-4　文化程度分布情况

参与调查的 1369 名老科技工作者中，来自城市的有 1302 人，占比约为 95.1%；来自农村的有 49 人，占比约为 3.6%；来自其他区域的有 18 人，占比约为 1.3%。参加本次调查的老科技工作者绝大部分来自城市，极少来自农村或其他区域，如图 2-5 所示。

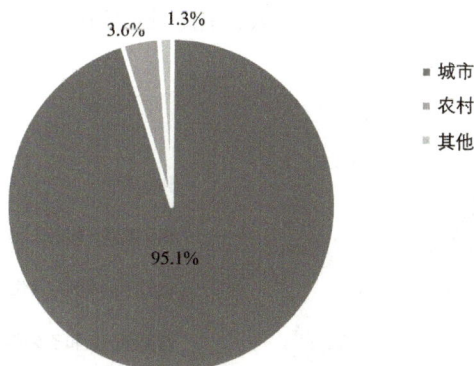

图 2-5 城乡区域分布情况

地区分布：参与调查的 1369 名老科技工作者中，来自东部地区的有 1145 人，占比约为 83.6%；来自中部地区的有 142 人，占比约为 10.4%；来自西部地区的有 80 人，占比约为 5.8%；来自港澳台地区的有 2 人，占比约为 0.1%。参加本次调查的老科技工作者绝大部分来自东部地区，少部分来自中西部和港澳台地区，如图 2-6 所示。

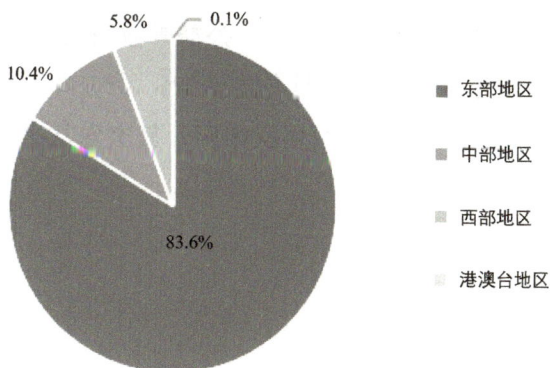

图 2-6 地区分布情况

居住方式：共有 1369 名老科技工作者参与调查，其中仅和配偶一起居住的有 865 人，占比约为 63.2%；与配偶一起和子女或孙辈共同居住的有 321 人，占比约为 23.4%；独自居住的有 93 人，占比约为 6.8%；仅和子女或孙辈居住的有 68 人，占比约为 5.0%；居住在敬老院 / 养老院的有 3 人，占比约为 0.2%；保姆长期居家照顾的有 5 人，占比约为 0.4%；其他有 14 人，占比约为 1.0%（如图 2-7 所示）。

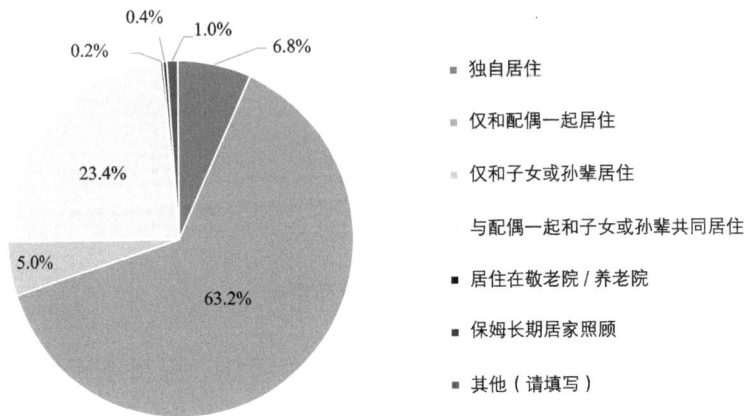

图 2-7　居住方式分布情况

工作状态：参与调查的 1369 名老科技工作者中，居家休闲的有 592 人，占比约为 43.2%；照顾家庭的有 216 人，占比约为 15.8%；退休返聘的有 133 人，占比约为 9.7%；从事社会工作、公益事业及其他工作的有 357 人，占比约为 26.1%；其他有 71 人，占比约为 5.2%。参加本次调查的老科技工作者目前的工作状态中，最多的为居家休闲，其次为从事社会工作、公益事业及其他工作，如图 2-8 所示。

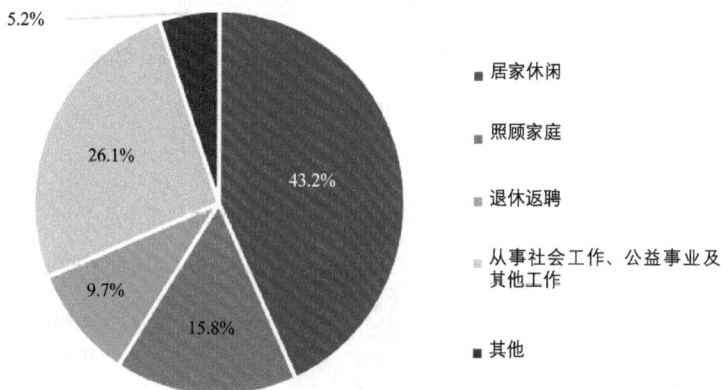

图 2-8　工作状态分布情况

经济条件：参与调查的 1369 名老科技工作者中，经济条件一般（月度可支出的生活费用在 2000 元及以下）的有 262 人，占比约为 19.1%；经济条件较好（月度可支出的生活费用在 2001~6000 元）的有 759 人，占比约为 55.4%；经济条件非常好（月度可支出的生活费用在 6001 元及以上）的有 348 人，占比约为 25.4%。参加本次调查的老科技工作者，经济条件较好的最多，其次为经济条件非常好的，两者占比之和约为 80.8%，如图 2-9 所示。

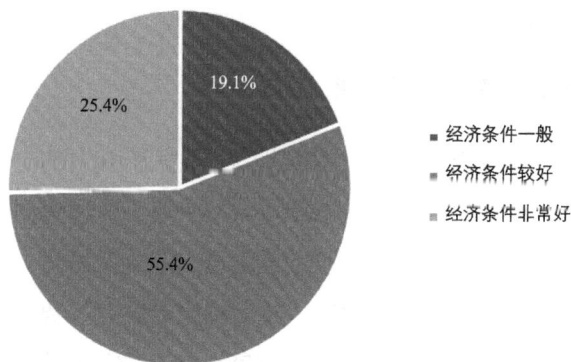

图 2-9　家庭条件分布情况

健康状况：共有 1369 名老科技工作者参与调查，其中自认为健康状况比较好的有 702 人，占比约为 51.3%；健康状况一般的有 472 人，占比约为 34.5%；健康状况非常好的有 147 人，占比约为 10.7%；健康状况比较差的有 48 人，占比约为 3.5%，如图 2-10 所示。

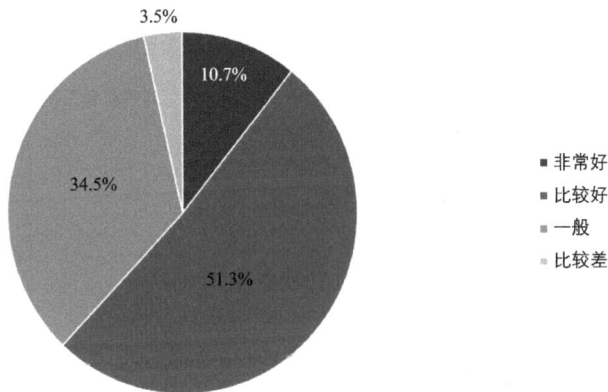

图 2-10 健康状况分布情况

总之，从参与调查的老科技工作者的基本情况可以看出，男性多于女性，这与我国科技工作者男多女少的现状一致；文化程度和经济条件的"双高"，符合社会对老科技工作者的认知；从年龄层及健康状况来看，低龄、健康状况好的老科技工作者占比高。

（三）老科技工作者的测试表现

本部分采用问卷调查的形式，对各地 55 周岁及以上的老科技工作者进行有关科学素质的测试，共收集有效问卷 1369 份。科学素质测试主要分为"科学意识""数字化""健康老龄化""社会参与"4 个维度，各维度之下设有相应的二级指标。数据处理时增加"数字健康老龄化"维度（即数字化和健康老龄化维度的得分之和），随后通过 SPSS 20.0 软件进行分析，得到了各维度得分情况。表 2-3 为科学素质一级维度得分情况。

根据表 2-3，可以发现老科技工作者在"数字化"维度得分率最高，达到 74.49%；在"社会参与"维度得分率最低，为 55.40%。

表 2-3　科学素质一级维度得分

一级维度	满分	最高分	最低分	平均分	标准差	得分率 / %
科学意识	20	20	3	12.17	3.45	60.85
数字化	100	100	10	74.49	17.55	74.49
健康老龄化	100	100	10	70.07	15.48	70.07
社会参与	15	14	1	8.31	2.59	55.40
数字健康老龄化	200	195	28	144.57	25.74	72.29

表 2-4 所示为科学素质二级维度得分。根据表 2-4，可以发现老科技工作者在"数字技能"方面得分率最高，达到 80.16%；在"社会认同感"方面得分率最低，为 47.67%。

表 2-4　科学素质二级维度得分

一级维度	二级维度	满分	最高分	最低分	平均分	标准差	得分率 / %
科学意识	对科学的看法	4	4	0	2.86	1.24	71.50
	对科学的兴趣	16	16	1	9.31	2.84	58.19
数字化	数字认知	25	25	0	15.40	2.92	61.60
	数字技能	50	50	3	40.08	10.98	80.16
	数字安全	25	25	1	19.02	4.47	76.08
健康老龄化	基本知识和理念	40	40	0	29.11	7.78	72.78
	生活方式与行为	30	30	0	22.12	6.38	73.73
	基本技能	30	30	0	18.85	6.74	62.83
社会参与	社会认同感	6	6	0	2.86	1.01	47.67
	社会参与度	9	9	0	5.44	2.15	60.44

（四）不同群体老科技工作者的测试表现

根据老科技工作者的性别、文化程度和地区等可能与老年人科学素质相关的背景信息，可将老科技工作者分为不同群体。Levene 检验显示部分分组数据方差不齐，而利用 Welch 分布统计量进行均值比较，能够消除方差不齐对分析的影响，优于方差不齐时的非参数检验，故性别为自变量时采用单因素方差分析中的 Welch 检验，对其他变量采用非参数检验中的 Kruskal-Wallis 进行检验。为进一步比较不同群体老科技工作者的测试表现情况，分别统计和计算各个群体老科技工作者的最高分、最低分、平均分[22]和标准差。

不同性别老科技工作者测试表现：由表 2-5 可知，不同性别的老科技工作者的科学素质测试表现不同，在"科学意识""数字化"和"社会参与"维度的测试表现存在显著差异，而在"健康老龄化"以及"数字健康老龄化"上差异不显著，说明性别对老科技工作者的科学素质水平影响不大。

表 2-5 不同性别老科技工作者测试表现显著性系数情况

检验方式	维度	显著性系数
Welch 检验	科学意识	0.01*
	数字化	0.02*
	健康老龄化	0.06
	社会参与	0.00**
	数字健康老龄化	0.60

注：* 为显著 ** 指极为显著，下同。

---

22 本章文字叙述中的"平均分"均对应表格中的"平均值"，后文不再对该称呼进行重复解释。

观察表 2-6 和图 2-11 可以发现，不同性别的老科技工作者整体表现差异不大，但在"数字化"维度，男性的平均分为 75.41，女性的平均分为 73.03，说明男性在这方面表现较好。

表 2-6 不同性别老科技工作者科学素质各维度得分

性别	统计量	科学意识	数字化	健康老龄化	社会参与	数字健康老龄化
男	平均值	12.38	75.41	69.45	8.00	144.86
	标准差	3.31	17.03	15.77	2.48	25.23
女	平均值	11.83	73.03	71.07	8.80	144.10
	标准差	3.65	18.27	14.96	2.68	26.53

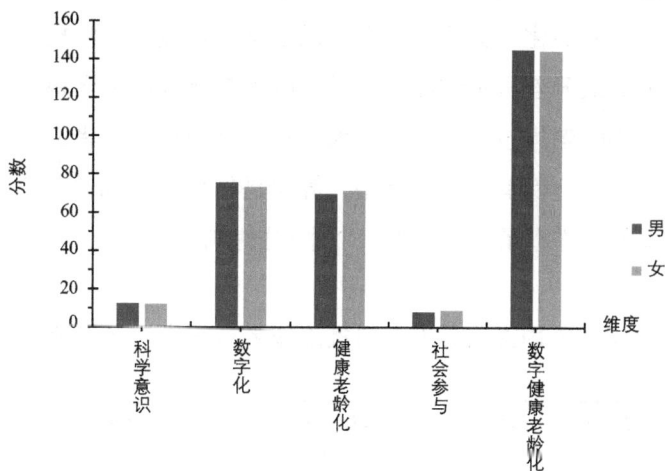

图 2-11 不同性别老科技工作者测试基本情况直方图

不同文化程度老科技工作者测试表现：由表 2-7 可知，不同文化程度的老科技工作者的科学素质测试表现不同，除"健康老龄化"外，其他 4 个维度表现均存在显著差异，说明文化程度会影响老科技工作者的科学素质水平。

表 2-7 不同文化程度老科技工作者测试表现显著性系数情况

检验方式	维度	显著性系数
Kruskal–Wallis 检验	科学意识	0.00**
	数字化	0.00**
	健康老龄化	0.43
	社会参与	0.00**
	数字健康老龄化	0.00**

观察表 2-8 和图 2-12、图 2-13 可以发现，在"科学意识"维度，文化程度为小学及以下、初中、高中、大学专科、大学本科、研究生的老科技工作者，其平均分分别为 5.00、9.07、10.98、12.07、12.43、13.59。整体而言，文化程度会影响老科技工作者的科学素质水平，文化程度越高，其科学素质越高。在"健康老龄化"层面，初中及以上文化程度的老科技工作者在"健康老龄化"上的得分差异不明显，小学及以下文化程度的老科技工作者平均分高于其他类别的老科技工作者，而大学专科老科技工作者的平均分高于大学本科及研究生。判断其主要原因是，健康是每个人共同关注的话题，小学及以下文化程度的样本量相对较少，个体差异影响较大。

表 2-8 不同文化程度老科技工作者科学素质各维度得分

文化程度	统计量	科学意识	数字化	健康老龄化	社会参与	数字健康老龄化
小学及以下	平均值	5.00	39.00	76.00	4.50	115.00
	标准差	2.83	15.56	8.49	3.54	7.07
	得分率	0.25	0.39	0.76	0.30	0.58
初中	平均值	9.07	55.86	65.07	6.21	120.93
	标准差	2.84	20.00	11.88	3.56	26.74
	得分率	0.45	0.56	0.65	0.41	0.61

续表

文化程度	统计量	科学意识	数字化	健康老龄化	社会参与	数字健康老龄化
高中	平均值	10.98	66.25	69.66	7.81	135.92
	标准差	3.31	21.74	15.73	2.63	30.35
	得分率	0.55	0.66	0.70	0.52	0.68
大学专科	平均值	12.07	74.22	70.65	8.58	144.87
	标准差	3.56	17.37	15.42	2.63	25.88
	得分率	0.60	0.74	0.71	0.57	0.72
大学本科	平均值	12.43	76.45	70.12	8.28	146.57
	标准差	3.30	15.79	15.59	2.52	24.04
	得分率	0.62	0.76	0.70	0.55	0.73
研究生	平均值	13.59	80.81	68.33	8.58	149.14
	标准差	3.35	13.61	15.07	2.29	22.22
	得分率	0.68	0.81	0.68	0.57	0.75

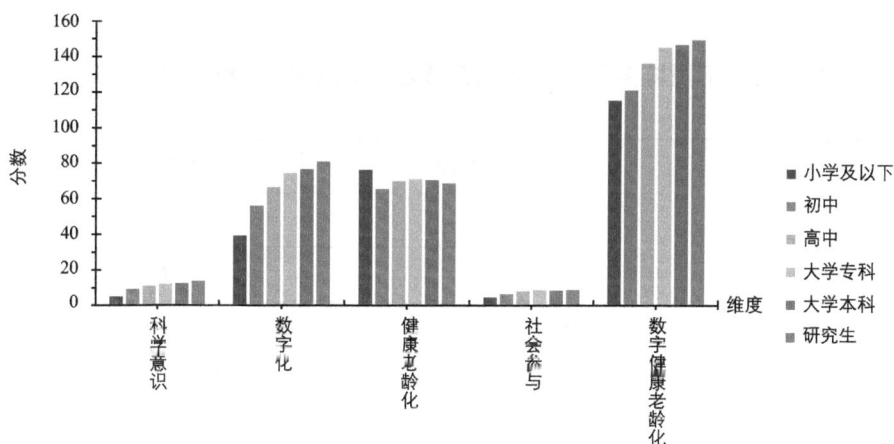

图 2-12 不同文化程度老科技工作者测试基本情况直方图

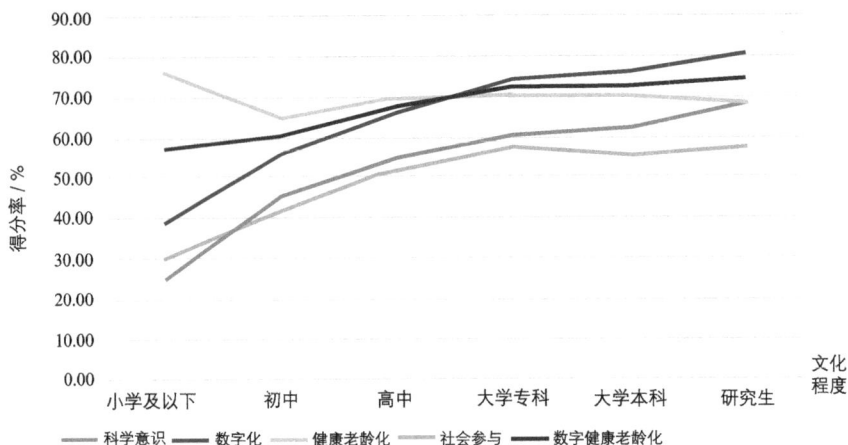

图 2-13 不同文化程度老科技工作者测试得分率图

不同城乡区域老科技工作者测试表现：由表 2-9 可知，不同城乡区域的老年人的科学素质测试表现没有显著差异。

表 2-9 不同城乡区域老科技工作者测试表现显著性系数情况

检验方式	维度	显著性系数
Kruskal-Wallis 检验	科学意识	0.82
	数字化	0.27
	健康老龄化	0.67
	社会参与	0.74
	数字健康老龄化	0.29

观察表 2-10 和图 2-14 发现，来自其他地区的老科技工作者在"科学意识""数字化""健康老龄化""社会参与""数字健康老龄化"5 个维度的平均分最高，分别是 12.67、78.89、72.78、8.39、151.67；其次是来自城市

的老科技工作者，其 5 个维度的平均分分别是 12.17、74.55、70.06、8.32、144.61。

表 2-10　不同城乡区域老科技工作者科学素质各维度得分

城乡区域	统计量	科学意识	数字化	健康老龄化	社会参与	数字健康老龄化
城市	平均值	12.17	74.55	70.06	8.32	144.61
	标准差	3.44	17.50	15.48	2.59	25.63
农村	平均值	12.02	71.45	69.41	7.98	140.86
	标准差	4.00	19.26	15.18	2.64	27.52
其他	平均值	12.67	78.89	72.78	8.39	151.67
	标准差	2.99	16.07	16.89	2.15	28.27

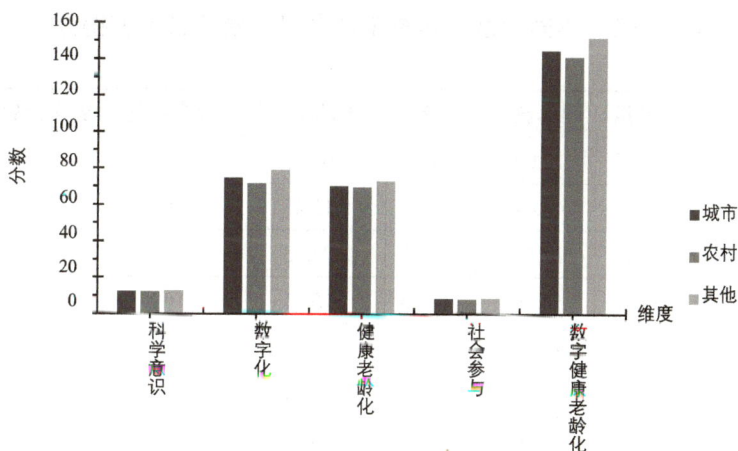

图 2-14　不同城乡区域老科技工作者测试基本情况直方图

不同地区老科技工作者测试表现： 由表 2-11 可知，在不同地区老科技工作者的科学素质测试表现中，"健康老龄化"和"社会参与"两个维度上的分数存在显著差异。

表 2-11　不同地区老科技工作者测试表现显著性系数情况

检验方式	维度	显著性系数
Kruskal–Wallis 检验	科学意识	0.04
	数字化	0.56
	健康老龄化	0.02*
	社会参与	0.04*
	数字健康老龄化	0.15

观察表 2-12 和图 2-15 发现，中部地区老科技工作者的科学素质测试平均分高于东部地区，西部地区老科技工作者在"科学意识""数字化""社会参与"维度的平均分较高。

表 2-12　不同地区老科技工作者科学素质各维度得分

地区	统计量	科学意识	数字化	健康老龄化	社会参与	数字健康老龄化
东部地区	平均值	12.06	74.38	69.92	8.23	144.30
	标准差	3.44	17.31	15.46	2.60	25.47
中部地区	平均值	12.55	74.73	72.93	8.67	147.66
	标准差	3.59	18.55	15.91	2.59	27.05
西部地区	平均值	12.98	75.49	67.15	8.84	142.64
	标准差	3.37	19.35	14.37	2.42	27.21
港澳台地区	平均值	14.00	83.50	73.50	8.00	157.00
	标准差	1.41	0.71	23.33	2.83	22.63

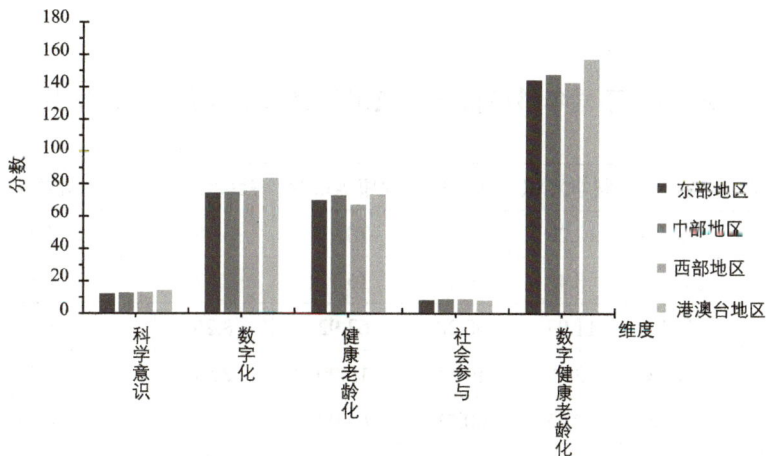

图 2-15　不同区域老科技工作者测试基本情况直方图

不同年龄阶段的老科技工作者测试表现：由表 2-13 可知，不同年龄阶段老科技工作者的科学素质测试存在显著差异，说明年龄会影响老科技工作者的科学素质水平。

表 2-13　不同年龄阶段老科技工作者测试表现显著性系数情况

检验方式	维度	显著性系数
Kruskal-Wallis 检验	科学意识	0.00**
	数字化	0.00**
	健康老龄化	0.00**
	社会参与	0.01*
	数字健康老龄化	0.00**

观察表 2-14 和图 2-16 发现，在"科学意识"维度，青年老年人、中年老年人、高龄老年人的平均分分别为 12.29、11.97、10.85，其余 4 个维度的情况相似。整体而言，年龄会影响老年人的科学素质水平，年纪越轻，其科

学素质越高。

表 2-14　不同年龄阶段老科技工作者科学素质各维度得分

年龄阶段	统计量	科学意识	数字化	健康老龄化	社会参与	数字健康老龄化
青年老年人	平均值	12.29	76.98	70.99	8.38	147.97
	标准差	3.48	16.16	15.12	2.57	24.29
中年老年人	平均值	11.97	68.28	67.92	8.26	136.21
	标准差	3.29	19.11	15.90	2.59	26.71
高龄老年人	平均值	10.85	60.51	64.09	7.26	124.60
	标准差	3.52	19.74	17.71	2.82	28.32

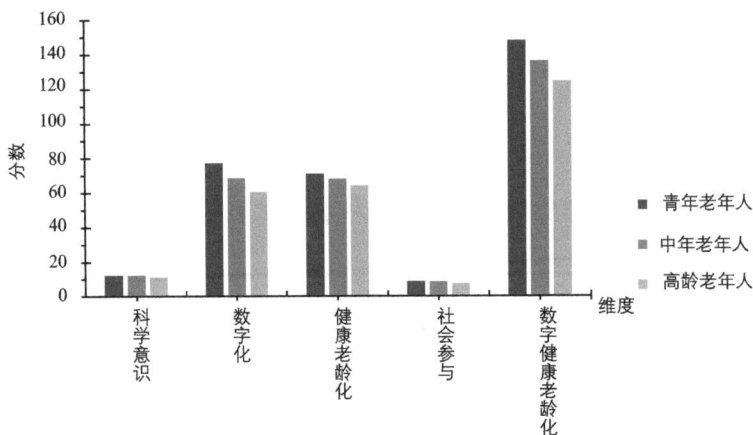

图 2-16　不同年龄阶段老科技工作者测试基本情况直方图

不同工作现状老科技工作者测试表现： 由表 2-15 可知，不同工作现状的老科技工作者的科学素质测试表现存在显著差异，说明工作现状会影响老科技工作者的科学素质水平。

表 2-15 不同工作现状老科技工作者测试表现显著性系数情况

检验方式	维度	显著性系数
Kruskal–Wallis 检验	科学意识	0.00**
	数字化	0.00**
	健康老龄化	0.01*
	社会参与	0.00**
	数字健康老龄化	0.00**

观察表 2-16、图 2-17 和图 2-18 发现，从事社会工作、公益事业及其他工作的老科技工作者在"科学意识""数字化""社会参与""数字健康老龄化"维度的平均分最高，分别为 13.62、78.15、9.48、149.93；其次为退休返聘的老科技工作者，平均分分别为 13.09、77.29、8.06、149.36。整体而言，仍在工作的老科技工作者科学素质更高，说明处于工作状态有助于提高老科技工作者的数字健康素养。

表 2-16 不同工作现状老科技工作者科学素质各维度得分

工作现状	统计量	科学意识	数字化	健康老龄化	社会参与	数字健康老龄化
居家休闲	平均值	11.32	72.62	68.47	7.87	141.09
	标准差	3.33	18.84	15.74	2.58	26.87
	得分率	0.57	0.73	0.68	0.52	0.71
照顾家庭	平均值	11.62	71.54	70.45	7.86	141.99
	标准差	3.24	17.22	15.47	2.55	25.76
	得分率	0.58	0.72	0.70	0.52	0.71
退休返聘	平均值	13.09	77.29	72.08	8.06	149.36
	标准差	3.26	15.02	14.65	2.28	22.68
	得分率	0.65	0.77	0.72	0.54	0.75

工作现状	统计量	科学意识	数字化	健康老龄化	社会参与	数字健康老龄化
从事社会工作、公益事业及其他工作	平均值	13.62	78.15	71.78	9.48	149.93
	标准差	3.25	15.63	15.02	2.34	23.31
	得分率	0.68	0.78	0.72	0.63	0.75
其他	平均值	11.92	75.49	70.00	7.86	145.49
	标准差	3.68	17.39	16.12	2.75	27.66
	得分率	0.60	0.75	0.70	0.52	0.73

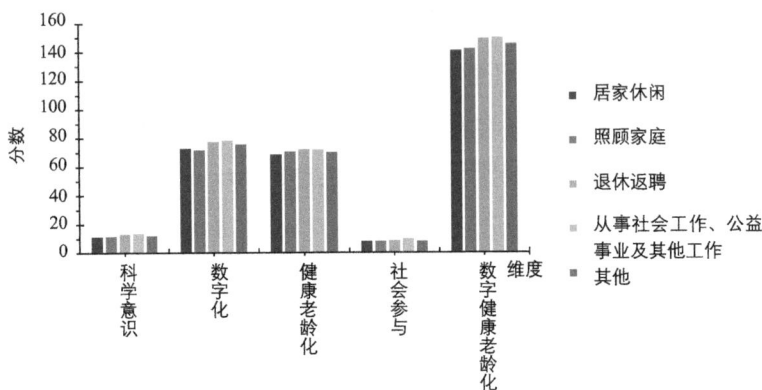

图 2-17　不同工作现状老科技工作者测试基本情况直方图

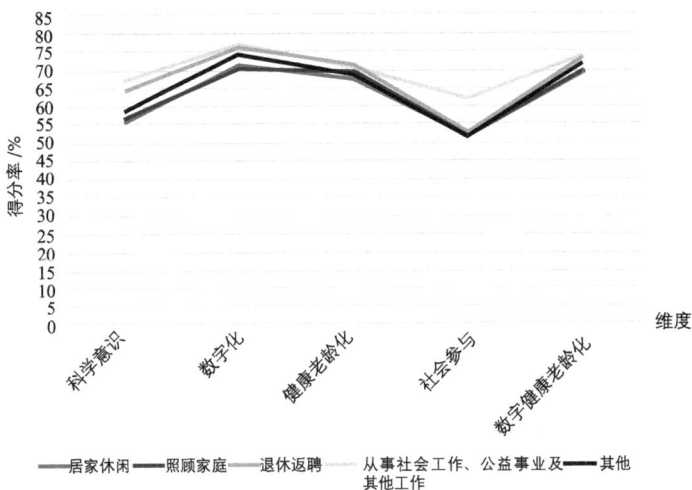

图 2-18　不同工作现状老科技工作者测试得分率图

不同经济条件老科技工作者测试表现：由表 2-17 可知，除"社会参与"维度未表现出显著差异外，其余维度均存在显著差异，说明经济条件与老科技工作者的科学素质水平相关度较高。

表 2-17　不同经济条件老科技工作者测试表现显著性系数情况

检验方式	维度	显著性系数
Kruskal-Wallis 检验	科学意识	0.00**
	数字化	0.00**
	健康老龄化	0.07*
	社会参与	0.20
	数字健康老龄化	0.00**

观察表 2-18 和图 2-19 发现，经济条件非常好的老科技工作者在"科学意识""数字化""健康老龄化""数字健康老龄化" 4 个维度的平均分最高，分别为 12.91、78.76、71.51、150.27。整体而言，经济条件较好的老科技工作者的科学素质水平较高，但在"社会参与"层面，经济条件较好的老科技工作者的社会参与水平最高。

表 2-18　不同经济条件老科技工作者科学素质各维度得分

经济条件	统计量	科学意识	数字化	健康老龄化	社会参与	数字健康老龄化
经济条件一般	平均值	11.62	70.07	69.59	8.09	139.66
	标准差	3.64	18.81	14.93	2.72	27.10
经济条件较好	平均值	12.02	74.06	69.58	8.43	143.65
	标准差	3.40	17.74	15.74	2.57	26.14
经济条件非常好	平均值	12.91	78.76	71.51	8.22	150.27
	标准差	3.32	15.08	15.26	2.51	22.66

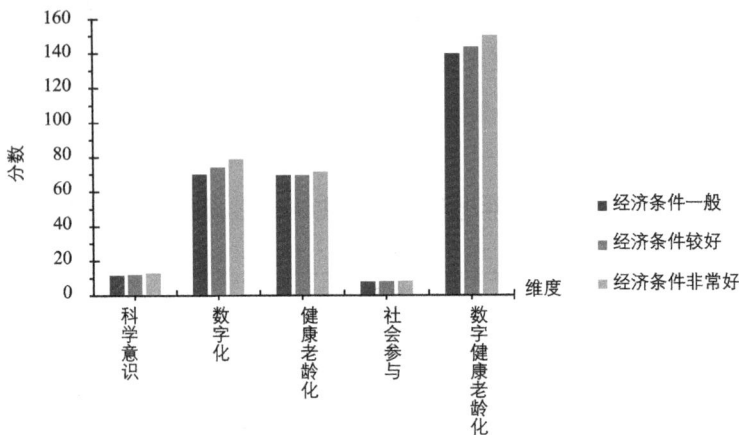

图 2-19　不同经济条件老科技工作者测试基本情况直方图

不同居住方式老科技工作者测试表现：由表 2-19 可知，除"数字化"和"数字健康老龄化"维度表现出显著差异外，其余维度在整体上均不存在显著差异，说明居住方式在一定程度上会影响老科技工作者的科学素质水平。

表 2-19　不同居住方式老科技工作者测试表现显著性系数情况

检验方式	维度	显著性系数
Kruskal-Wallis 检验	科学意识	0.36
	数字化	0.01*
	健康老龄化	0.16
	社会参与	0.05
	数字健康老龄化	0.03*

观察表 2-20、图 2-20 和图 2-21 发现，没有哪一种特定的居住方式的老科技工作者在科学素质各维度上具有优势，但是整体上，居住在敬老院 / 养老院的老科技工作者，其科学素质在各维度上的表现大多弱于其他类别的老

科技工作者，其平均分分别为 8.67、46.00、61.33、8.00、107.33，说明应给予这一居住方式的老科技工作者更多的关爱和帮助。

表 2-20　不同居住方式老科技工作者科学素质各维度得分

居住方式	统计量	科学意识	数字化	健康老龄化	社会参与	数字健康老龄化
独自居住	平均值	12.02	69.01	66.77	8.71	135.78
	标准差	3.28	20.48	14.83	2.69	26.69
	得分率	0.60	0.69	0.67	0.58	0.68
仅和配偶一起居住	平均值	12.16	75.15	70.21	8.31	145.36
	标准差	3.38	17.43	15.78	2.55	26.11
	得分率	0.61	0.75	0.70	0.55	0.73
仅和子女或孙辈居住	平均值	11.68	71.65	67.82	8.21	139.47
	标准差	4.01	17.65	16.57	2.66	26.63
	得分率	0.58	0.72	0.68	0.55	0.70
与配偶一起和子女或孙辈共同居住	平均值	12.40	75.21	71.25	8.24	146.45
	标准差	3.55	16.33	14.65	2.63	23.51
	得分率	0.62	0.75	0.71	0.55	0.73
居住在敬老院/养老院	平均值	8.67	46.00	61.33	8.00	107.33
	标准差	2.89	33.60	13.80	3.61	25.74
	得分率	0.43	0.46	0.61	0.53	0.54
保姆长期居家照顾	平均值	12.00	63.40	72.40	10.80	135.80
	标准差	4.18	23.78	11.97	1.30	35.52
	得分率	0.60	0.63	0.72	0.72	0.68
其他	平均值	11.57	77.71	68.71	6.71	146.43
	标准差	3.76	14.06	13.70	2.55	21.30
	得分率	0.58	0.78	0.69	0.45	0.73

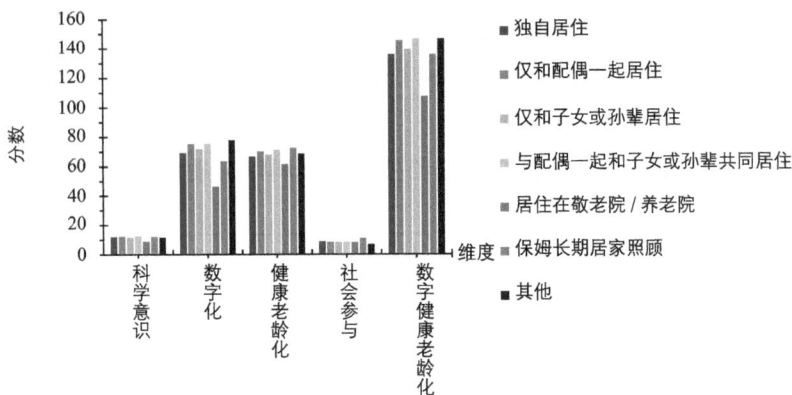

图 2-20 不同居住方式老科技工作者测试基本情况直方图

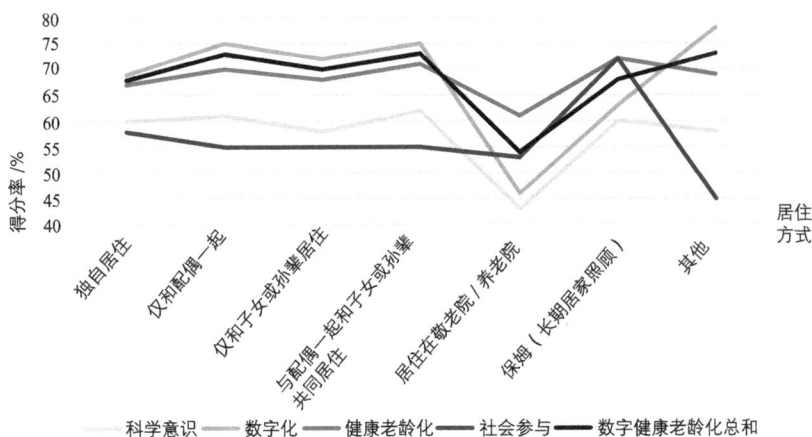

图 2-21 不同居住方式老科技工作者测试得分率图

不同健康状况老科技工作者测试表现：由表 2-21 可知，除"健康老龄化"维度未表现出显著差异外，其余维度在整体上均存在显著差异，说明健康状况与老科技工作者的科学素质水平相关度较高。

表 2-21　不同健康状况老科技工作者测试表现显著性系数情况

检验方式	维度	显著性系数
Kruskal-Wallis 检验	科学意识	0.00**
	数字化	0.00**
	健康老龄化	0.07
	社会参与	0.01*
	数字健康老龄化	0.00**

观察表 2-22、图 2-22 和图 2-23 发现，健康状况非常好的老科技工作者在"科学意识""数字化""社会参与""数字健康老龄化"4 个维度的平均分最高，分别为 13.14、81.01、8.67、151.86。整体而言，健康状况非常好的老科技工作者的科学素质水平较高。

表 2-22　不同健康状况老科技工作者科学素质各维度得分

健康状况	统计量	科学意识	数字化	健康老龄化	社会参与	数字健康老龄化
健康状况非常好	平均值	13.14	81.01	70.85	8.67	151.86
	标准差	3.37	14.57	14.74	2.46	22.33
	得分率	0.66	0.81	0.71	0.58	0.76
健康状况比较好	平均值	12.74	76.64	71.02	8.46	147.66
	标准差	3.29	16.58	15.25	2.51	24.23
	得分率	0.64	0.77	0.71	0.56	0.74
健康状况一般	平均值	11.21	70.44	68.65	8.01	139.09
	标准差	3.45	18.42	15.83	2.73	27.52
	得分率	0.56	0.70	0.69	0.53	0.70
健康状况比较差	平均值	10.31	63.04	67.81	7.94	130.85
	标准差	3.34	17.40	16.67	2.49	24.13
	得分率	0.51	0.63	0.68	0.53	0.65

健康状况	统计量	科学意识	数字化	健康老龄化	社会参与	数字健康老龄化
健康状况非常差	平均值	/	/	/	/	/
	标准差	/	/	/	/	/
	得分率	/	/	/	/	/

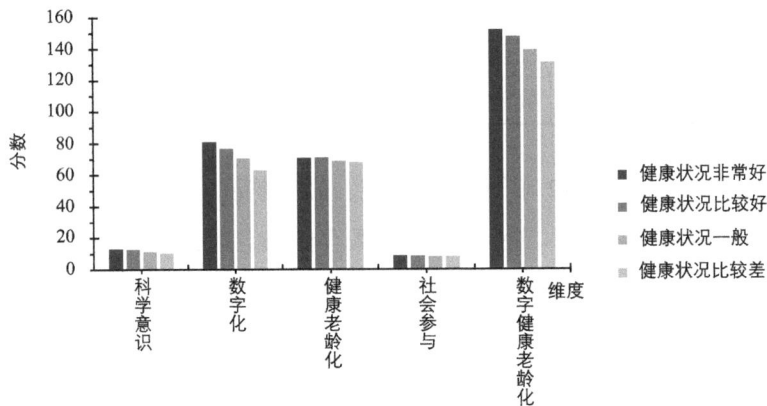

图 2-22　不同健康状况老科技工作者测试基本情况直方图

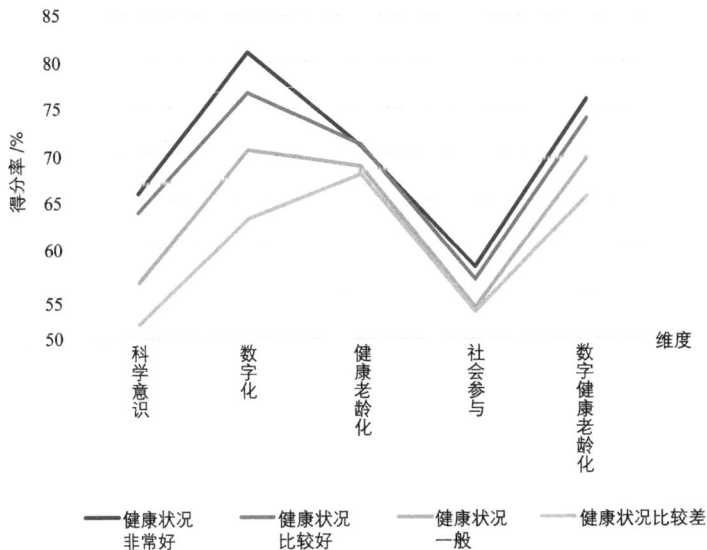

图 2-23　不同健康状况老科技工作者测试得分率图

　　不同社会活动参与频率的老科技工作者的测试表现：由表 2-23 可知，各个维度在整体上均存在显著差异，说明社会活动参与频率会影响老科技工作者的科学素质水平。

表 2-23　不同社会活动参与频率的老科技工作者的测试表现显著性系数情况

检验方式	维度	显著性系数
Kruskal–Wallis 检验	科学意识	0.00**
	数字化	0.00**
	健康老龄化	0.00**
	社会参与	0.00**
	数字健康老龄化	0.00**

　　观察表 2-24 和图 2-24 发现，经常参与活动的老科技工作者在"科学意识""数字化""健康老龄化""社会参与""数字健康老龄化"5 个维度的平均分最高，分别为 13.44、77.16、71.19、9.83、148.35。整体而言，经常参与活动的老科技工作者的科学素质水平最高。

表 2-24　参与社会活动频率对老科技工作者科学素质的影响

参与社会活动的频率	统计量	科学意识	数字化	健康老龄化	社会参与	数字健康老龄化
经常	平均值	13.44	77.16	71.19	9.83	148.35
	标准差	3.36	16.85	14.88	2.02	24.55
	得分率	0.67	0.77	0.71	0.66	0.74
有时	平均值	11.77	73.76	70.46	7.77	144.22
	标准差	3.09	17.24	15.62	2.17	25.35
	得分率	0.59	0.74	0.70	0.52	0.72

续表

参与社会活动的频率	统计量	科学意识	数字化	健康老龄化	社会参与	数字健康老龄化
偶尔	平均值	9.45	68.41	64.64	5.23	133.05
	标准差	2.93	18.64	15.67	1.93	26.85
	得分率	0.47	0.68	0.65	0.35	0.67
从不参与	平均值	7.56	64.25	64.69	3.31	128.94
	标准差	2.87	24.45	19.06	1.20	34.87
	得分率	0.38	0.64	0.65	0.22	0.64

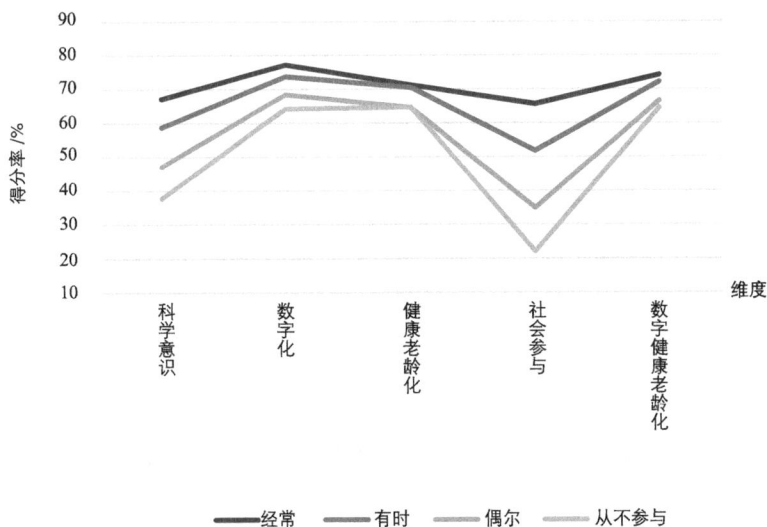

图 2-24　参与社会活动频率不同的老科技工作者科学素质测试得分率图

社会活动参与对身体和精神状态的影响：从表 2-25 中可以看出，选择"影响很大，促进身心健康"以及"较大，满足感提升"的老科技工作者比例较大，说明参与调查的绝大部分老科技工作者对于社会活动对身心健康的影响持积极的态度。

表 2-25 社会活动参与对身体和精神状态的影响

态度	频率	百分比 / %	有效百分比 / %	累积百分比 / %
影响很大，促进身心健康	590	43.1	43.1	43.1
较大，满足感提升	526	38.4	38.4	81.5
一般	225	16.4	16.4	98.0
没有影响	28	2.0	2.0	100.0
合计	1369	100.0	100.0	

由表 2-26 可知，各个维度在整体上存在显著差异，说明社会活动参与态度会影响老科技工作者的科学素质水平。

表 2-26 不同活动参与态度的老科技工作者测试表现显著性系数情况

检验方式	维度	显著性系数
Kruskal—Wallis 检验	科学意识	0.00**
	数字化	0.00**
	健康老龄化	0.00**
	社会参与	0.00**
	数字健康老龄化	0.00**

观察表 2-27 和图 2-25 发现，选择"影响很大，促进身心健康"的老科技工作者在"科学意识""数字化""健康老龄化""社会参与""数字健康老龄化"5 个维度的平均分最高，分别为 13.43、76.49、72.85、9.74、149.34。整体而言，社会活动参与积极的老科技工作者的科学素质水平最高。

表 2-27　不同社会活动参与态度老科技工作者科学素质各维度得分

态度	统计量	科学意识	数字化	健康老龄化	社会参与	数字健康老龄化
影响很大，促进身心健康	平均值	13.43	76.49	72.85	9.74	149.34
	标准差	3.38	17.19	14.27	2.12	24.35
	得分率	0.67	0.76	0.73	0.65	0.75
较大，满足感提升	平均值	11.96	75.79	68.98	7.99	144.77
	标准差	2.98	15.53	15.51	2.12	23.98
	得分率	0.60	0.76	0.69	0.53	0.72
一般	平均值	9.78	67.11	66.01	5.74	133.12
	标准差	3.02	19.96	17.11	2.04	28.03
	得分率	0.49	0.67	0.66	0.38	0.67
没有影响	平均值	8.71	67.36	64.89	4.82	132.25
	标准差	3.44	23.20	15.28	2.37	34.38
	得分率	0.44	0.67	0.65	0.32	0.66

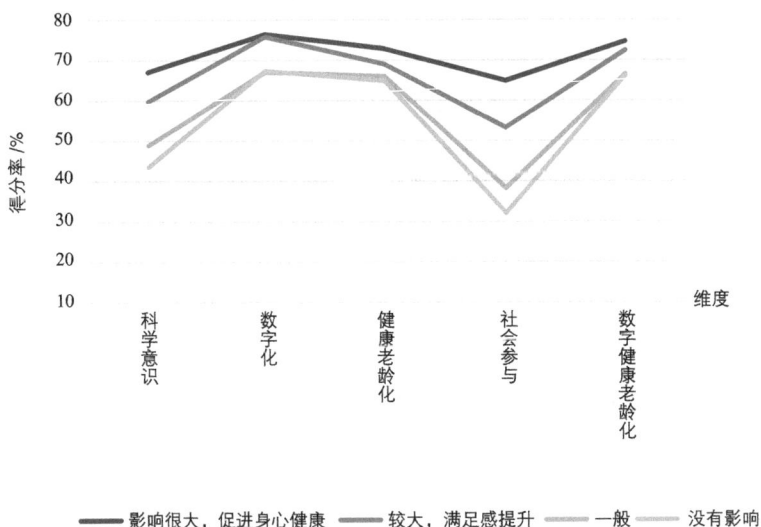

图 2-25　不同社会活动参与态度老科技工作者测试基本情况直方图

不同层面社会参与对科学素质的影响：从表 2-28 和图 2-26 中可以看出，参与社会服务的老科技工作者，科学素质最高，而不参与社会活动的老科技工作者，科学素质明显偏低。

表 2-28 不同层面社会参与的老科技工作者科学素质各维度得分

社会参与层面	数字化（均值）	健康老龄化（均值）	数字健康老龄化（均值）
家庭及邻里活动	75.48	71.54	147.02
社会服务	78.56	72.38	150.94
老年组织	75.90	71.28	147.17
不参与	54.44	52.00	106.44

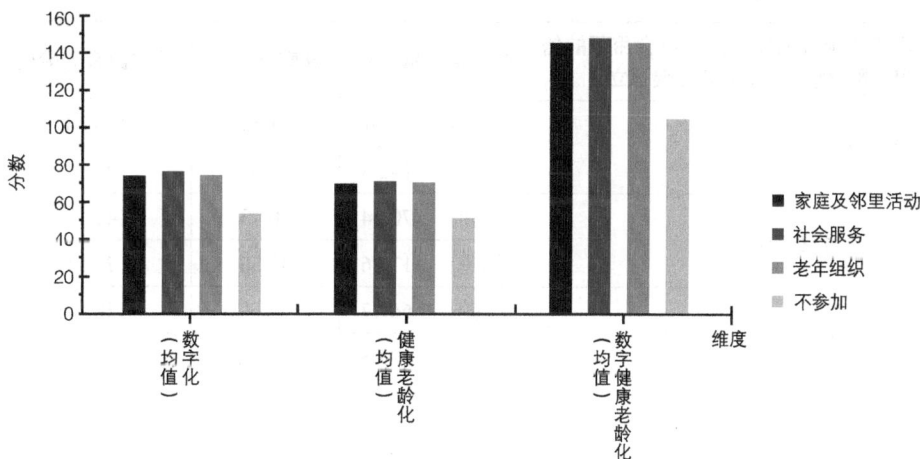

图 2-26 不同层面社会参与老科技工作者测试基本情况直方图

（五）相关问题探讨

数字鸿沟对科学素质的影响。问卷对数字鸿沟如何影响社会认同感进行了调查，从"数字化""健康老龄化"和"数字健康老龄化"3 个维度，调查老科技工作者的数字鸿沟的基本情况，详见表 2-29 和图 2-27。可以发现，在"数字化"维度，选择 A、B、C、D 4 个选项的老科技工作者平均分分别为 79.61、70.54、66.17、54.86，社会孤立感越强烈的老科技工作者，其数字化水平也越低；在"健康老龄化"维度，选择 A、B、C、D 4 个选项的老科技工作者平均分分别为 71.12、70.73、64.60、67.33，说明数字鸿沟也会对健康素养造成影响，但选择"感觉一般"和"总有这种感觉"的老科技工作者情况略有不同；在"数字健康老龄化"维度，选择 A、B、C、D 4 个选项的老科技工作者平均分分别为 150.73、141.27、130.77、122.19，整体而言，老科技工作者的社会孤立感越强，其数字健康老龄化维度的得分越低，这表明数字鸿沟问题对老科技工作者科学素质的影响较大。

表 2-29　数字鸿沟与三个维度表现的关系

由于不能及时接触或者不会用新的信息、网络技术，感到被社会孤立了	统计量	数字化	健康老龄化	数字健康老龄化
没有这种感觉	平均值	79.61	71.12	150.73
	标准差	14.53	14.64	22.16
偶尔会有这种感觉	平均值	70.54	70.73	141.27
	标准差	17.76	15.38	25.51
感觉一般	平均值	66.17	64.60	130.77
	标准差	19.03	17.70	28.67
总有这种感觉	平均值	54.86	67.33	122.19
	标准差	23.48	16.80	36.10
总计	平均值	74.49	70.07	144.57
	标准差	17.55	15.48	25.74

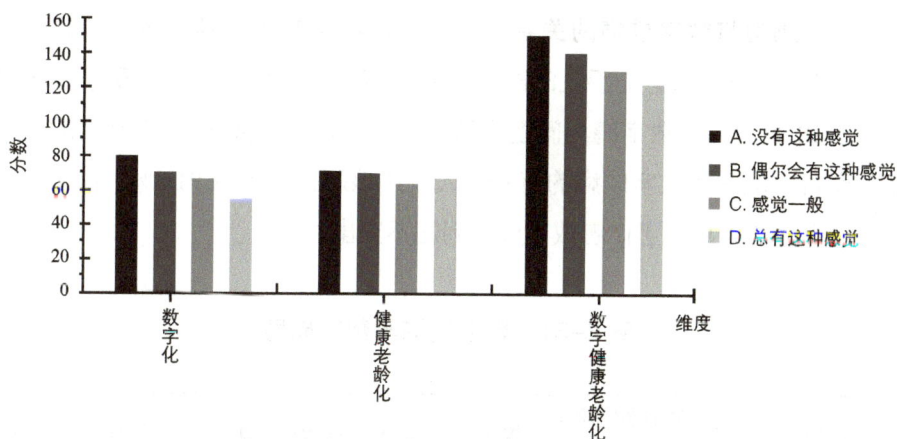

图 2-27　数字鸿沟与 3 个维度关系的基本情况

从表 2-30 可以看出，没有社会孤立感的老科技工作者参与的活动较多，大部分参与家庭及邻里活动、社会服务以及老年组织。整体而言，可以看出老科技工作者并不认为自己被数字时代孤立，并且他们的数字化素质较高，说明大多数老科技工作者的业余生活非常丰富，他们不会随着时代变迁、新技术的发展而改变自身生活的状态，并且仍然会对新技术产生好奇，会主动学习新的知识，具有终身学习的能力和积极性。

表 2-30　数字鸿沟与社会活动参与的选择

选项	家庭及邻里活动		社会服务		老年组织		不参与		其他	
	人数	科学素质得分率 /%	人数	科学素质得分率 /%	人数	科学素质得分率 /%	人数	科学素质得分率 /%	人数	科学素质得分率 /%
没有这种感觉	574	76.37	351	78.27	556	76.50	7	52.07	18	76.56
偶尔会有这种感觉	347	71.32	175	73.10	324	71.81	1	57.50	11	67.27
感觉一般	130	67.85	58	67.70	123	66.73	7	53.00	2	67.25
总有这种感觉	18	65.50	14	67.00	22	64.45	1	58.50	2	51.00

数字鸿沟与数字成瘾的关系。分别统计数字鸿沟问题与数字成瘾问题（我会控制每天使用智能手机的时间，避免沉迷）的作答情况。观察表 2-31 和图 2-28 发现，在数字鸿沟问题中选择了 A 选项"没有这种感觉"的老科技工作者，能避免数字成瘾的有 682 人，达该题样本量的 91.8%，说明回答没有孤立感的老科技工作者数字成瘾问题不突出。

表 2-31 数字鸿沟与数字成瘾

选项	是否能避免数字成瘾	频数	百分比 / %	有效百分比 / %	累积百分比 / %
没有这种感觉	是	682	91.8	91.8	91.8
	否	61	8.2	8.2	100.0
	总计	743	100.0	100.0	
偶尔会有这种感觉	是	373	89.7	89.7	89.7
	否	43	10.3	10.3	100.0
	总计	416	100.0	100.0	
感觉一般	是	152	87.4	87.4	87.4
	否	22	12.6	12.6	100.0
	总计	174	100.0	100.0	
总有这种感觉	是	24	66.7	66.7	66.7
	否	12	33.3	33.3	100.0
	总计	36	100.0	100.0	
	合计	1369	100	100	

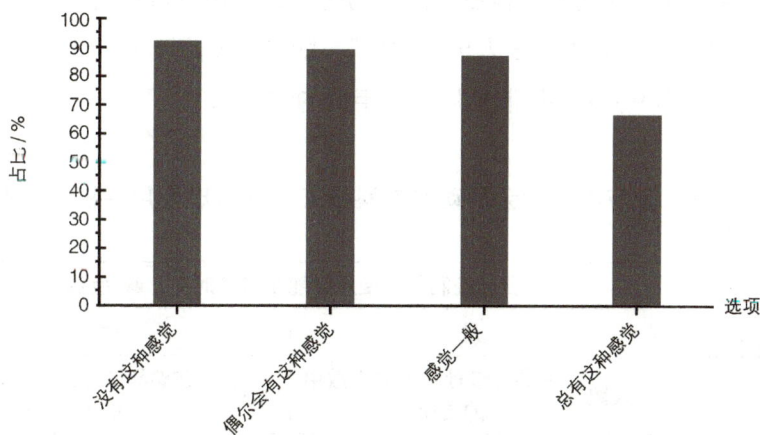

图 2-28　数字鸿沟与数字成瘾基本情况直方图

数字成瘾与社会活动参与的关系。对数字成瘾问题与是否参与"家庭及邻里活动""社会服务""老年组织""不参加""其他"进行斯皮尔曼相关分析，由表 2-32 可知，数字成瘾问题与社会活动参与没有显著的相关性。

表 2-32　数字成瘾与社会活动参与的关系

统计量	家庭及邻里活动	社会服务	老年组织	不参与	其他
相关系数	0.040	0.045	0.047	−0.009	−0.011
Sig.（双尾）	0.143	0.093	0.085	0.747	0.694

从表 2-32 和图 2-29 中可以看出，参加家庭及邻里活动、社会服务以及老年组织的老科技工作者中，大约分别有 90.55%、91.47%、90.73% 的老科技工作者可以合理控制使用智能手机的时间，且参与社会服务的老科技工作者最不容易沉迷于手机，而不参加社会活动的老科技工作者中仅大约有 87.50% 可以避免沉迷手机，从中可以得出结论：参与社会活动可以有效防止老科技工作者的数字成瘾现象。[注意，这里的占比是选择"是"的人

数占参与相应社会活动的老科技工作者的比重，比如参与家庭及邻里活动的人一共是1069人，其中968人选择"是"，即参与家庭及邻里活动的人中约90.55%（968/1069）能够控制使用智能手机的时间]。

表2-33　参与不同社会活动的老科技工作者合理使用手机的情况

社会活动	我会控制每天使用智能手机的时间，避免沉迷			
	是		否	
	人数	在参与该社会活动人数中的占比/%	人数	在参与该社会活动人数中的占比/%
家庭及邻里活动	968	90.55	101	9.45
社会服务	547	91.47	51	8.53
老年组织	930	90.73	95	9.27
不参加	14	87.50	2	12.50

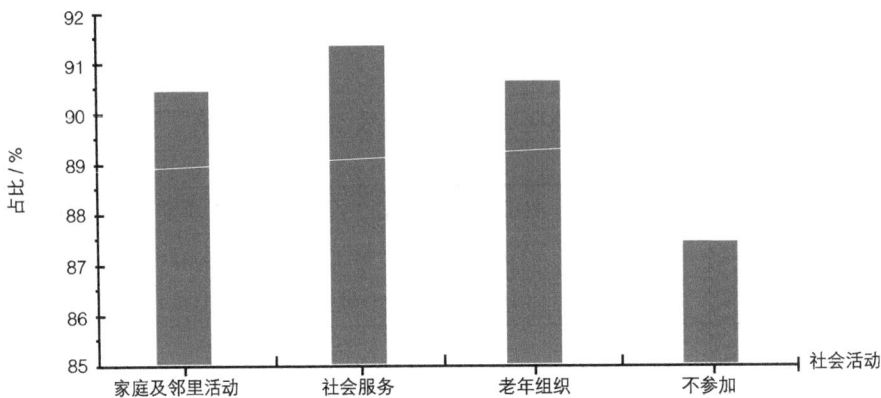

图2-29　参与不同社会活动的老年人合理使用手机的情况

数字成瘾问题与获取信息的意图的关系。对是否能控制数字成瘾与是否选择"主动获取科技信息的原因"的各选项进行斯皮尔曼相关分析。观察表2-34可知，控制数字成瘾与"对特定科技主题感兴趣""想跟上时代，主动自我提升""日常生活及工作场景需要"存在显著正相关；与"打发时间"存在显著负相关。说明老科技工作者获取科技信息的原因如果是打发时间，则有可能会造成数字成瘾；而获取科技信息的原因如果是了解感兴趣的科技主题，想跟上时代，主动提升自我，或者日常生活及工作场景需要，则不容易造成数字成瘾。

表 2-34　数字成瘾与获取信息意图的关系

统计量	对特定科技主题感兴趣	想跟上时代，主动自我提升	解决具体问题	日常生活及工作场景需要	打发时间	其他（请填写）
相关系数	0.058*	0.079**	0.039	0.058*	−0.078**	−0.035
Sig.（双尾）	0.032	0.004	0.152	0.031	0.004	0.200

从表 2-35 和图 2-30 中可以看出，选择"对特定科技主题感兴趣"以及"日常生活及工作场景需要"的老科技工作者更不容易出现数字成瘾现象，选择"打发时间"和"其他"的老科技工作者更容易数字成瘾。

表 2-35　不同获取信息意图的老科技工作者合理使用手机的情况

获取信息的意图	我会控制每天使用智能手机的时间，避免沉迷			
	是		否	
	人数	占选择该选项人数的百分比 / %	人数	占选择该选项人数的百分比 / %
对特定科技主题感兴趣	645	91.62	59	8.38
想跟上时代，主动自我提升	957	91.23	91	8.77
解决具体问题	515	91.31	49	8.69
日常生活及工作场景需要	681	91.53	63	8.47
打发时间	186	84.55	34	15.45
其他	12	80.00	3	20.00

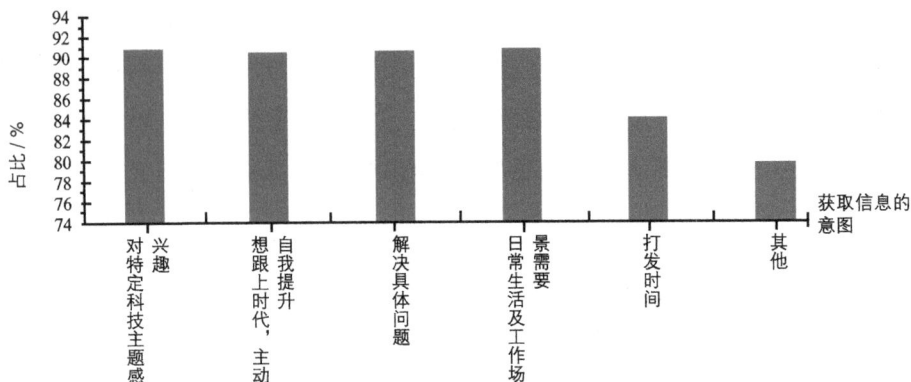

图 2-30 不同获取信息意图的老年人合理使用手机的情况

老科技工作者对积极融入社会的渠道的看法。调查结果如表 2-36 所示，接受调查的老科技工作者更愿意通过"参加老科协、老年之家等为老年人服务的团体或机构"以及"参与街道、社区等组织的面向老年人的活动"的方式积极融入社会，占比分别为 86.71% 和 61.43%，可见，老科技工作者更愿意从所属团体以及生活居住地获取融入社会的机会。

表 2-36 老科技工作者希望的积极融入社会的渠道

您希望通过什么渠道积极融入社会？[多选]		
选项	频数	百分比 / %
参与街道、社区等组织的面向老年人的活动	841	61.43
参加老科协、老年之家等为老年人服务的团体或机构	1187	86.71
为同年龄的老年群体提供支持服务，如到老年（科技）大学开展教学、策划组织活动、担任学习团队负责人、担任学习活动志愿者等	608	44.41
到老年（科技）大学学习、交流	655	47.85
其他（请填写）	39	2.85

四、六省份其他老年人数据分析

（一）数据情况

本研究在文献研究的基础上编制了老年人科学素质调查问卷，主要针对科学意识、数字化、健康老龄化、社会参与、数字健康老龄化 3 个维度综合进行考察，以线下问卷调查的方式对除老科技工作者外的其他老年人展开科学素质调查，在北京、天津、内蒙古、宁夏、山东、河南共收集有效问卷451 份，六省市老年人样本数据的基本情况如表 2-37 所示。

表 2-37　六省市老年人样本数据基本情况

类别	选项	样本量	百分比 / %
性别	女	213	47.2
	男	238	52.8
年龄	青年老年人（55~70 周岁）	374	82.9
	中年老年人（71~80 周岁）	60	13.3
	高龄老年人（80 周岁及以上）	17	3.8
文化程度	小学及以下	78	17.3
	初中	112	24.8
	高中（中专、技校）	160	35.5
	大学专科	54	12.0
	大学本科	47	10.4
	研究生	0	0.0
居住方式	独自居住	55	12.2
	仅和配偶一起居住	239	53.0
	仅和子女或孙辈居住	30	6.7
	与配偶一起和子女或孙辈共同居住	118	26.2
	敬老院 / 养老院	0	0.0
	保姆长期居家照顾	4	0.9
	其他	5	1.1

类别	选项	样本量	百分比 / %
城乡区域	城市	338	75.0
	农村	112	24.8
	其他区域	1	0.2
地区	内蒙古自治区	100	22.2
	河南省	95	21.1
	山东省	76	16.9
	北京市	65	14.4
	宁夏回族自治区	61	13.5
	天津市	54	12.0
工作状态	居家休闲	261	57.9
	照顾家庭	101	22.4
	退休返聘	6	1.3
	从事社会工作、公益事业及其他工作	42	9.3
	其他	41	9.1
经济条件	经济条件一般（月度可支出的生活费用在2000元及以下）	186	41.2
	经济条件较好（月度可支出的生活费用在2001~6000元）	227	50.3
	经济条件非常好（月度可支出的生活费用在6001元及以上）	38	8.4
健康状况	非常好	59	13.1
	比较好	230	51.0
	一般	146	32.4
	比较差	15	3.3
	非常差	1	0.2

（二）基本情况分析

性别分布：共有451名老年人参与调查（按有效问卷数量计算），其中男性有238人，占比约为52.8%；女性有213人，占比约为47.2%。参与此次问卷调查的男女比例接近11∶10，男性人数多于女性（如图2-31所示）。

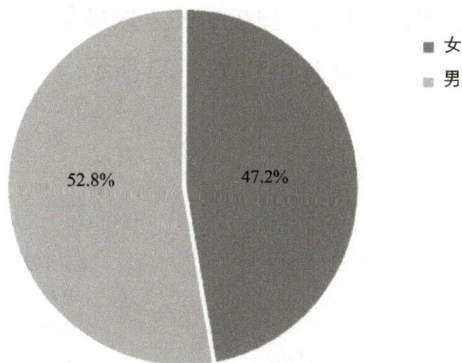

图 2-31 性别分布情况

年龄分布: 451 名老年人中, 青年老年人有 374 人, 占比约为 82.9%; 中年老年人有 60 人, 占比约为 13.3%; 高龄老年人有 17 人, 占比约为 3.8%。参加本次调查的老年人大部分是青年老年人, 少部分是中年和高龄老年人, 如图 2-32 所示。

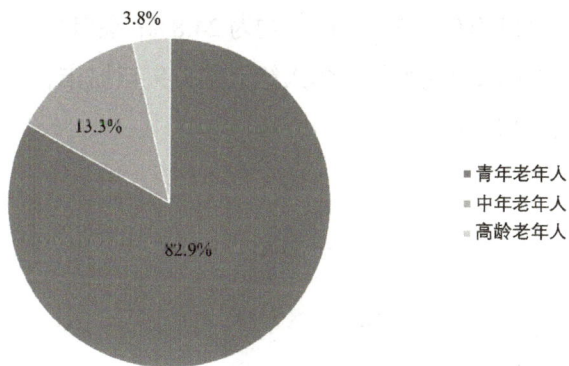

图 2-32 年龄分布情况

文化程度分布: 451 名老年人中, 最高学历为大学本科学历的有 47 人, 占比约为 10.4%; 为大学专科的有 54 人, 占比约为 12.0%; 为高中(中专、技校)的有 160 人, 占比约为 35.5%; 为初中的有 112 人, 占比约为 24.8%; 为小学及以下的有 78 人, 占比约为 17.3%。从整体来看, 参加本次调查的老年人中，最高学历为高中（中专、技校）的人数最多，其次为初中，两者占比之和约达到有效总样本的 60.3%，如图 2-33 所示。

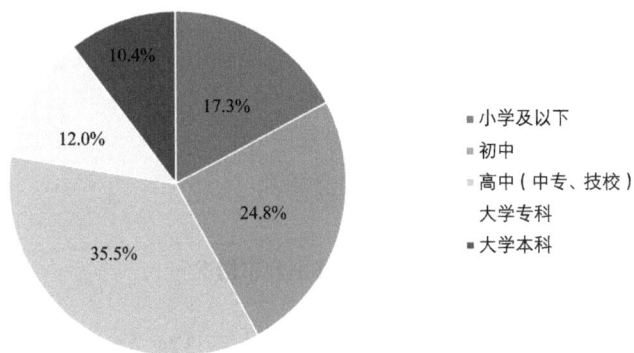

图 2-33 文化程度分布情况

城乡区域分布：参与调查的 451 名老年人中，来自城市的有 338 人，占比为 75.0%；来自农村的有 112 人，占比约为 24.8%；来自其他区域的有 1 人，占比约为 0.2%。参加本次调查的老年人绝大部分来自城市，少数来自农村或其他区域，如图 2-34 所示。

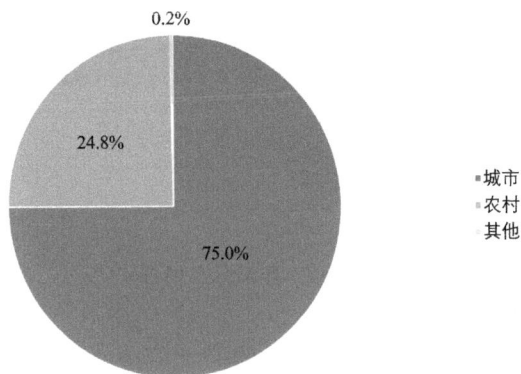

图 2-34 城乡区域分布情况

地区分布：参与调查的 451 名老年人中，来自内蒙古自治区的有 100 人，占比约为 22.2%；来自河南省的有 95 人，占比约为 21.1%；来自山东省的有 76 人，占比约为 16.9%；来自北京市的有 65 人，占比约为 14.4%；来自宁夏回族自治区的有 61 人，占比约为 13.5%；来自天津市的有 54 人，占比约为 12.0%，如图 2-35 所示。

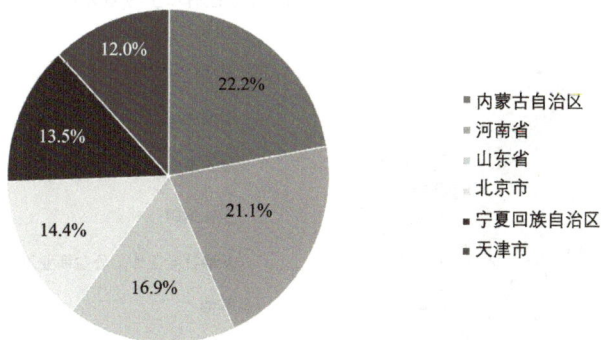

图 2-35 地区分布情况

居住方式：在 451 名老年人中，仅和配偶一起居住的有 239 人，占比约为 53.0%；与配偶一起和子女或孙辈共同居住有 118 人，占比约为 26.2%；独自居住的有 55 人，占比约为 12.2%；仅和子女或孙辈居住的有 30 人，占比约为 6.7%；保姆长期居家照顾的有 4 人，占比约为 0.9%；其他有 5 人，占比约为 1.1%，如图 2-36 所示。

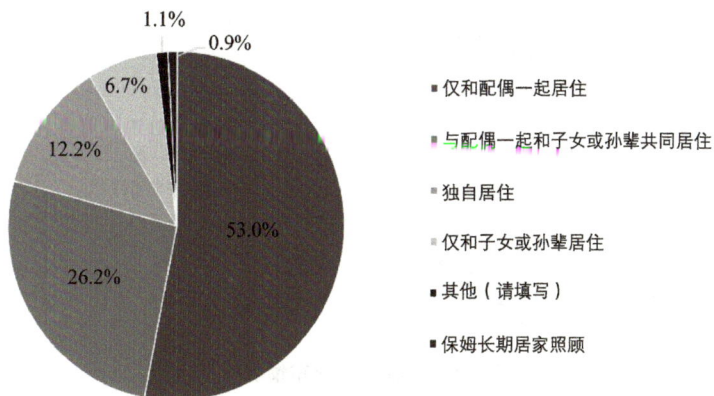

图 2-36 居住方式分布情况

工作状态：参与调查的 451 名老年人中，居家休闲的有 261 人，占比约为 57.9%；照顾家庭的有 101 人，占比为 22.4%；退休返聘的有 6 人，占比约为 1.3%；从事社会工作、公益事业及其他工作的有 42 人，占比约为 9.3%；其他的有 41 人，占比约为 9.1%。参加本次调查的老年人目前从事的主要工作中，最多的为居家休闲，其次为照顾家庭，两者占比之和约为 80.3%，如图 2-37 所示。

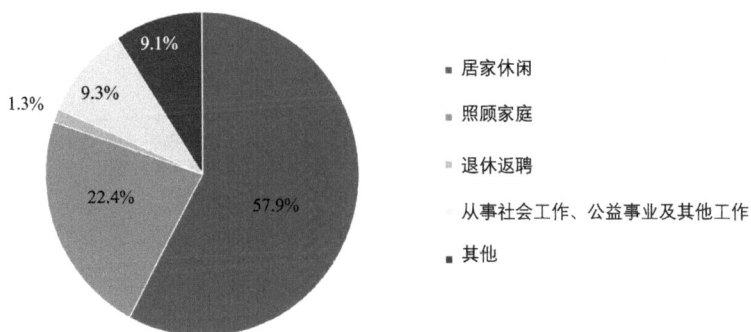

图 2-37　工作状态分布情况

经济条件：参与调查的 451 名老年人中，经济条件一般的有 186 人，占比约为 41.2%；经济条件较好的有 227 人，占比约为 50.3%；经济条件非常好的有 38 人，占比约为 8.4%。参加本次调查的老年人中，经济条件较好的最多，其次为经济条件一般的，两者占比之和达到 91.5%，如图 2-38 所示。

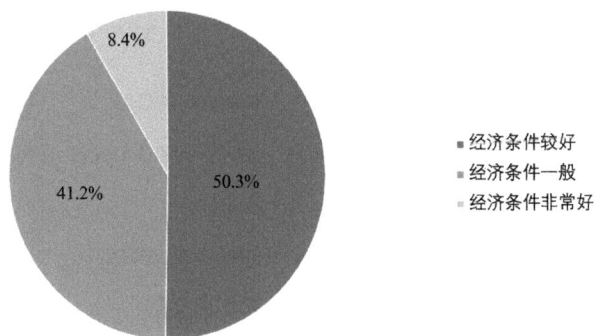

图 2-38　家庭条件分布情况

健康状况：451 名老年人中健康状况比较好的有 230 人，占比约为 51.0%；健康状况一般的有 146 人，占比约为 32.4%；健康状况非常好的有 59 人，占比约为 13.1%；健康状况比较差的有 15 人，占比约为 3.3%；健康状况非常差的有 1 人，占比约为 0.2%，如图 2-39 所示。

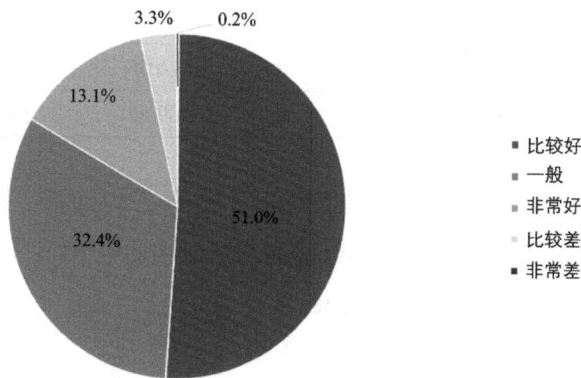

图 2-39　健康状况分布情况

（三）其他老年人的科学素质测试表现

本调查分别从"科学意识""数字化""健康老龄化""社会参与"4 个维度，测评 6 个省、直辖市、自治区老年人的科学素质。数据处理时增加"数字健康老龄化"维度，随后通过 SPSS 20.0 软件进行分析，得到了各维度得分情况。

由表 2-38 可知，老年人在"健康老龄化"维度得分率最高，达到 57.88%；在"科学意识"维度得分率最低，为 41.40%。

表 2-38　科学素质一级维度得分

一级维度	满分	最高分	最低分	平均分	标准差	得分率 / %
科学意识	20	20	1	8.28	4.09	41.40
数字化	100	100	0	51.69	25.17	51.69
健康老龄化	100	100	0	57.88	18.07	57.88
社会参与	15	15	0	6.58	2.69	43.87
数字健康老龄化	200	195	0	109.57	37.30	54.79

表 2-39 所示为科学素质二级维度得分。由表 2-39 可知，参与调查的老年人在"基本知识和理念"方面得分率最高，大约达到 63.63%；在"社会参与度"方面得分率最低，约为 39.22%。

表 2-39　科学素质二级维度得分

一级维度	二级指标	满分	最高分	最低分	平均分	标准差	得分率 / %
科学意识	对科学的看法	4	4	0	1.82	1.56	45.50
	对科学的兴趣	16	16	1	6.46	3.02	40.38
数字化	数字认知	25	25	0	10.91	6.56	43.64
	数字技能	50	50	0	26.91	15.86	53.82
	数字安全	25	25	0	13.87	6.95	55.48
健康老龄化	基本知识和理念	40	40	0	25.45	9.40	63.63
	生活方式与行为	30	30	0	16.90	7.08	56.33
	基本技能	30	30	0	15.52	7.68	51.73
社会参与	社会认同感	6	6	0	3.05	1.16	50.83
	社会参与度	9	9	0	3.53	2.07	39.22

（四）不同群体老年人科学素质测试表现

根据老年人的性别、文化程度和地区等可能与老年人科学素质相关的背景信息，可将老年人分为不同群体。Levene 检验显示部分分组数据方差不齐，而利用 Welch 分布统计量进行均值比较，能够消除方差不齐对分析的影响，优于方差不齐时的非参数检验，故性别为自变量时采用单因素方差分析中的 Welch 检验，其他变量采用非参数检验中的 Kruskal-Wallis 检验。为进一步比较不同群体老年人的测试表现，分别统计和计算各个群体老年人的平均分和标准差。

不同性别老年人的测试表现：由表 2-40 可知，除"社会参与"外，不同性别的老年人的科学素质测试表现没有显著差异，说明性别不会显著影响老年人的科学素质水平。

表 2-40　不同性别老年人测试表现显著性系数情况

检验方式	维度	显著性系数
Welch 检验	科学意识	0.645
	数字化	0.096
	健康老龄化	0.112
	社会参与	0.016*
	数字健康老龄化	0.059

观察表 2-41 和图 2-40、图 2-41 可知，不同性别的老年人在科学素质各维度的表现差异不大，但在"科学意识""数字化""健康老龄化""社会参与""数字健康老龄化"5 个维度，女性的平均分整体高于男性。

表 2-41 不同性别老年人科学素质各维度得分

性别	统计量	科学意识	数字化	健康老龄化	社会参与	数字健康老龄化
男	平均值	8.19	49.61	56.45	6.26	106.06
	标准差	4.05	24.90	18.30	2.59	37.69
女	平均值	8.37	53.56	59.16	6.87	112.72
	标准差	4.13	25.31	17.81	2.76	36.75

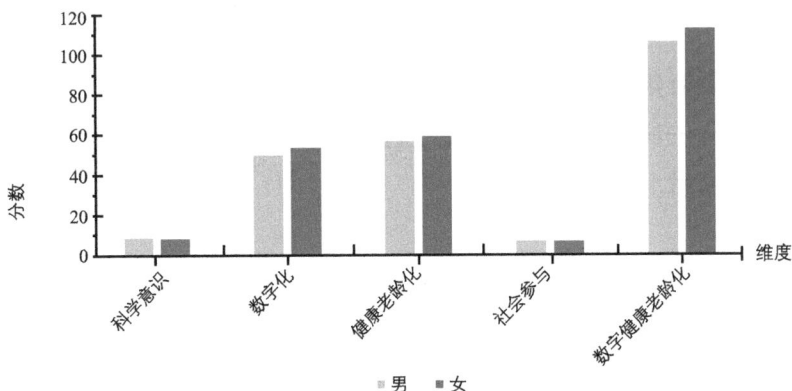

图 2-40 不同性别老年人测试基本情况直方图

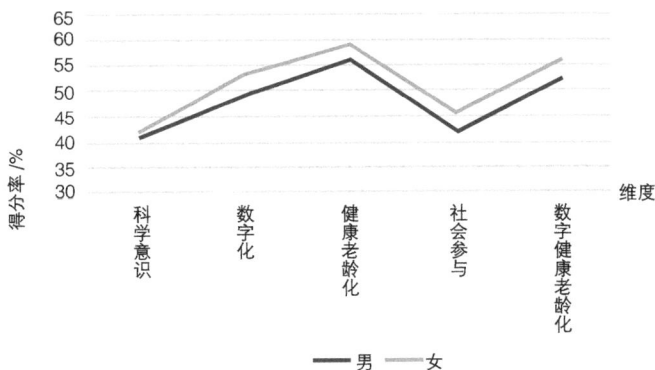

图 2-41 不同性别老年人测试得分率图

不同文化程度老年人的测试表现：根据表 2-42，可见不同文化程度的老年人在 5 个维度的表现均存在显著差异，说明文化程度会影响老年人的科学素质水平。

表 2-42　不同文化程度老年人测试表现显著性系数情况

检验方式	维度	显著性系数
Kruskal-Wallis 检验	科学意识	0.000**
	数字化	0.000**
	健康老龄化	0.000**
	社会参与	0.000**
	数字健康老龄化	0.000**

观察表 2-43、图 2-42 和图 2-43 可以发现，在"科学意识"维度，文化程度为小学及以下、初中、高中、大学专科、大学本科的老年人，平均分分别为 4.26、7.43、8.89、11.19、11.57。整体而言，文化程度会影响老年人的科学素质水平，文化程度越高，其科学素质越高。

表 2-43　不同文化程度老年人科学素质各维度得分

文化程度	统计量	科学意识	数字化	健康老龄化	社会参与	数字健康老龄化
小学及以下	平均值	4.26	28.08	44.24	4.78	72.32
	标准差	2.76	20.07	21.75	2.30	35.65
初中	平均值	7.43	45.19	56.84	6.08	102.03
	标准差	3.29	21.32	15.14	2.40	29.62
高中	平均值	8.89	57.01	61.18	6.88	118.19
	标准差	3.68	22.33	16.20	2.47	32.19

文化程度	统计量	科学意识	数字化	健康老龄化	社会参与	数字健康老龄化
大学专科	平均值	11.19	67.81	66.52	7.89	134.33
	标准差	3.69	20.96	14.65	2.75	29.62
大学本科	平均值	11.57	69.79	61.81	8.26	131.60
	标准差	3.28	20.26	15.36	2.68	28.43

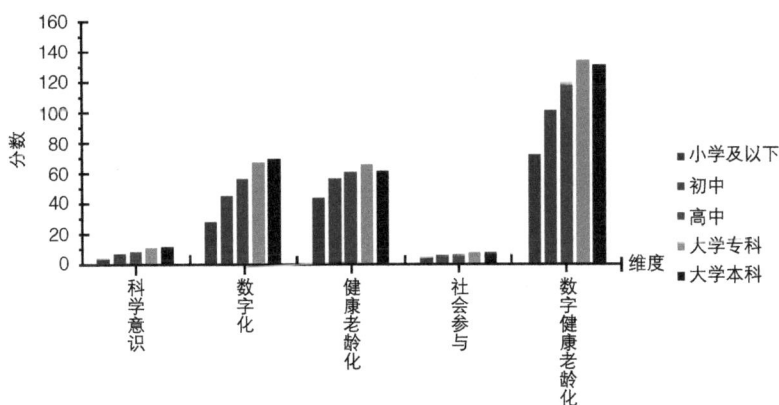

图 2-42　不同文化程度老年人测试基本情况直方图

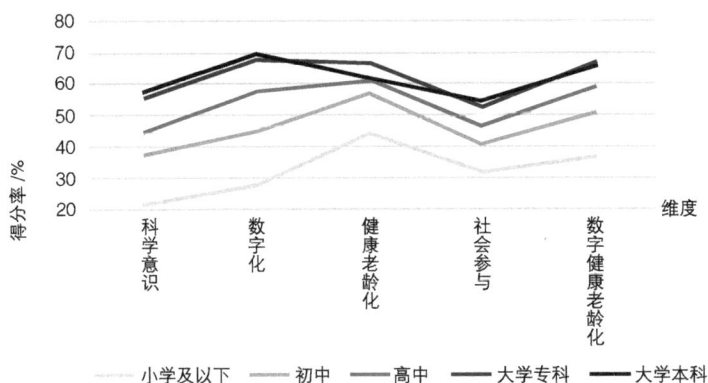

图 2-43　不同文化程度老年人测试得分率图

不同城乡区域老年人的测试表现：由表 2-44 可知，不同城乡区域的老年人在 5 个维度的表现均存在显著差异，说明来自不同区域的老年人的科学素质水平不同。

表 2-44　不同城乡区域老年人测试表现显著性系数情况

检验方式	维度	显著性系数
Kruskal-Wallis 检验	科学意识	0.000**
	数字化	0.000**
	健康老龄化	0.001**
	社会参与	0.000**
	数字健康老龄化	0.000**

观察表 2-45、图 2-44 和图 2-45 发现，来自城市地区的老年人在"科学意识""健康老龄化""数字健康老龄化"维度的平均分最高，分别是 8.96、59.90、115.92，说明来自城市的老年人科学素质相对较高。

表 2-45　不同城乡区域老年人科学素质各维度得分

城乡区域	统计量	科学意识	数字化	健康老龄化	社会参与	数字健康老龄化
城市	平均值	8.96	56.02	59.90	6.98	115.92
	标准差	4.03	23.90	16.99	2.68	35.13
农村	平均值	6.27	38.42	52.11	5.35	90.53
	标准差	3.58	24.37	19.72	2.35	37.48
其他	平均值	5.00	77.00	20.00	9.00	97.00
	标准差	0.00	0.00	0.00	0.00	0.00

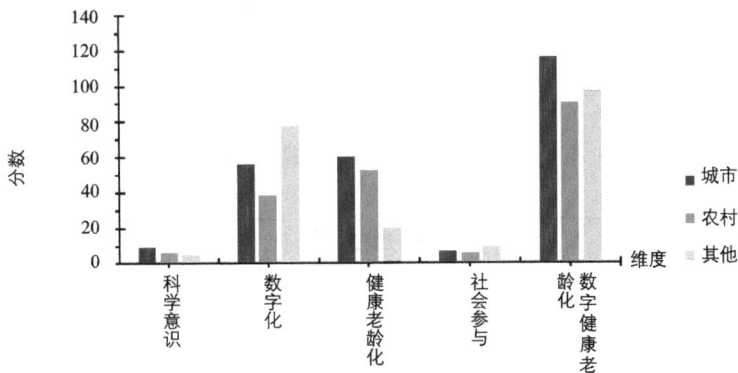

图 2-44　不同城乡区域老年人测试基本情况直方图

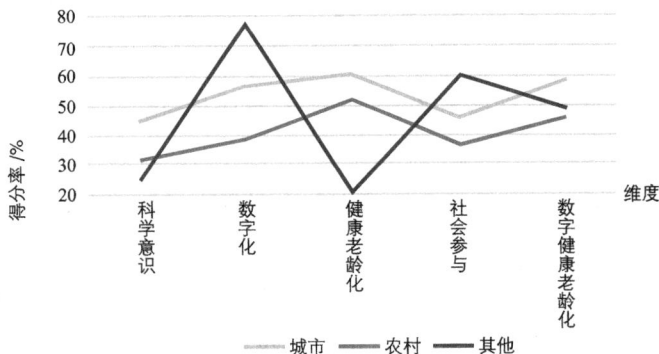

图 2-45　不同城乡区域老年人测试得分率图

不同地区老年人的测试表现： 由表 2-46 可知，在不同地区的老年人的科学素质测试表现中，5 个维度上的分数均有显著的差异，说明所在地区会影响老年人的科学素质水平。

表 2-46　不同地区老年人测试表现显著性系数情况

检验方式	维度	显著性系数
Kruskal-Wallis 检验	科学意识	0.000**
	数字化	0.000**
	健康老龄化	0.000**
	社会参与	0.000**
	数字健康老龄化	0.000**

观察表 2-47、图 2-46 和图 2-47，发现北京市的老年人在"数字化""健康老龄化""数字健康老龄化"这三个维度上的平均分最高，分别为 70.68、66.88、137.55。整体来看，经济较为发达的地区，老年人的科学素质水平也会相对较高。

表 2-47　不同地区老年人科学素质各维度得分

地区	统计量	科学意识	数字化	健康老龄化	社会参与	数字健康老龄化
北京市	平均值	9.63	70.68	66.88	7.72	137.55
	标准差	3.16	18.23	14.69	1.75	28.59
天津市	平均值	5.13	31.26	40.67	4.87	71.93
	标准差	3.67	26.73	22.06	3.17	41.26
河南省	平均值	8.84	52.91	61.89	6.22	114.80
	标准差	3.71	25.03	15.68	2.44	34.08
山东省	平均值	7.96	50.07	59.30	6.29	109.37
	标准差	3.95	22.97	17.37	2.37	35.29
内蒙古自治区	平均值	7.79	45.56	56.44	6.27	102.00
	标准差	4.53	23.41	15.39	2.64	32.21
宁夏回族自治区	平均值	9.97	59.75	57.85	8.31	117.61
	标准差	3.61	17.90	15.83	2.64	25.37

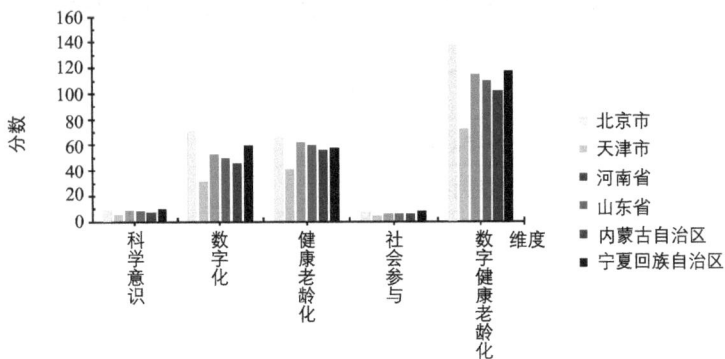

图 2-46　不同地区老年人测试基本情况直方图

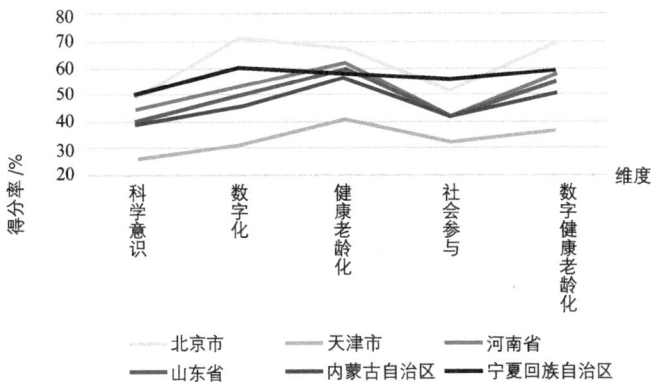

图 2-47　不同地区老年人测试得分率图

不同年龄阶段老年人的测试表现：由表 2-48 可知，不同年龄阶段老年人的科学素质测试表现在 5 个维度上均存在显著差异，说明年龄会影响老年人的科学素质水平。

表 2-48 不同年龄阶段老年人测试表现显著性系数情况

检验方式	维度	显著性系数
Kruskal-Wallis 检验	科学意识	0.016*
	数字化	0.000**
	健康老龄化	0.000**
	社会参与	0.000**
	数字健康老龄化	0.000**

观察表 2-49、图 2-48 和图 2-49 发现，在"科学意识"维度，青年老年人、中年老年人、高龄老年人的平均分分别为 8.50、7.60、5.82，其余 4 个维度的情况相似。整体而言，老年人年龄越小，其科学素质会越高。

表 2-49 不同年龄阶段老年人科学素质各维度得分

年龄阶段	统计量	科学意识	数字化	健康老龄化	社会参与	数字健康老龄化
青年老年人	平均值	8.50	54.51	59.00	6.75	113.52
	标准差	4.15	23.88	17.29	2.70	35.26
中年老年人	平均值	7.60	42.12	56.75	6.22	98.87
	标准差	3.59	24.35	16.10	2.36	33.44
高龄老年人	平均值	5.82	23.47	37.12	4.06	60.59
	标准差	3.32	30.97	27.70	2.30	51.76

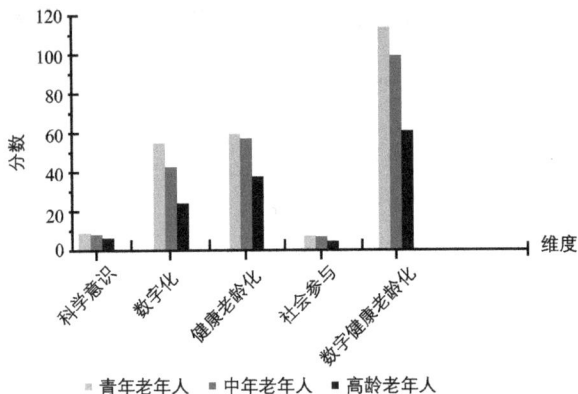

图 2-48　不同年龄阶段老年人测试基本情况直方图

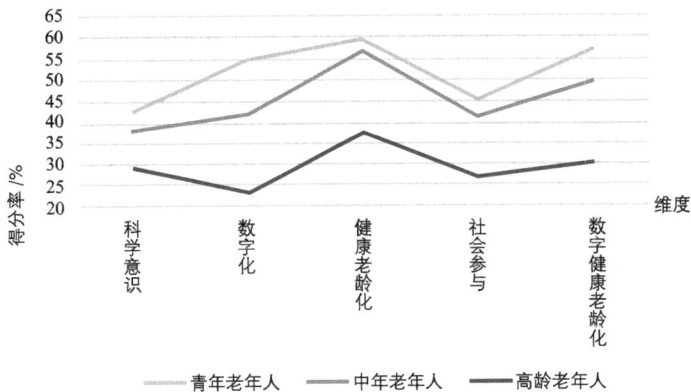

图 2-49　不同年龄阶段老年人测试得分率图

　　不同工作状态老年人的测试表现：由表 2-50 可知，不同工作现状的老年人在"科学意识""数字健康老龄化"这 2 个维度的表现存在显著差异，在其他维度差异不显著，说明工作现状能在一定程度上影响老年人的科学素质水平。

表 2-50　不同工作现状老年人测试表现显著性系数情况

检验方式	维度	显著性系数
Kruskal-Wallis 检验	科学意识	0.014*
	数字化	0.066
	健康老龄化	0.151
	社会参与	0.135
	数字健康老龄化	0.034*

　　观察表 2-51、图 2-50 和图 2-51 发现，退休返聘的老年人在"科学意识""数字化""健康老龄化""社会参与""数字健康老龄化"这 5 个维度上的平均分最高，分别为 13.83、69.67、71.83、8.17、141.50；其次为从事社会工作、公益事业及其他工作的老年人，他们在这 5 个维度上的平均分分别为 9.07、56.64、61.40、7.07、118.05。整体而言，从事某种工作的老年人科学素质更高，说明工作有助于提升老年人的科学素质。

表 2-51　不同工作现状老年人科学素质各维度得分

工作现状	统计量	科学意识	数字化	健康老龄化	社会参与	数字健康老龄化
居家休闲	平均值	8.16	52.56	57.11	6.62	109.67
	标准差	4.10	25.75	19.20	2.73	39.65
照顾家庭	平均值	8.13	47.15	58.36	6.48	105.50
	标准差	3.60	22.54	15.95	2.65	30.55
退休返聘	平均值	13.83	69.67	71.83	8.17	141.50
	标准差	1.17	18.78	8.50	2.14	20.48
从事社会工作、公益事业及其他工作	平均值	9.07	56.64	61.40	7.07	118.05
	标准差	4.89	28.14	18.12	3.11	41.00
其他	平均值	7.83	49.71	55.93	5.88	105.63
	标准差	4.00	23.61	15.72	2.03	32.30

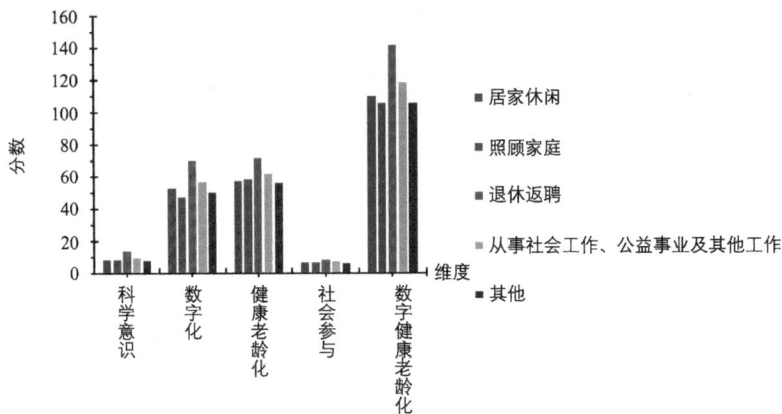

图 2-50　不同工作现状老年人测试基本情况直方图

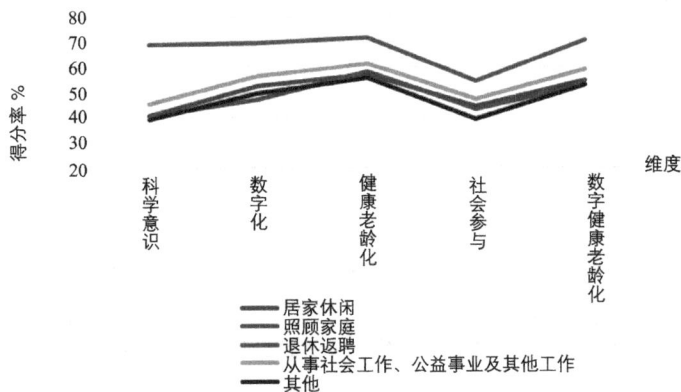

图 2-51　不同工作现状老年人测试得分率图

不同经济条件老年人的测试表现：由表 2-52 可知，不同经济条件的老年人在 5 个维度上存在极显著差异，说明经济条件会影响老年人的科学素质水平。

表 2-52 不同经济条件老年人测试表现显著性系数情况

检验方式	维度	显著性系数
Kruskal–Wallis 检验	科学意识	0.000**
	数字化	0.000**
	健康老龄化	0.000**
	社会参与	0.000**
	数字健康老龄化	0.000**

观察表 2-53 和图 2-52、图 2-53 发现，经济条件非常好的老年人在"科学意识""数字化""健康老龄化""社会参与""数字健康老龄化"5 个维度的平均分最高，分别为 10.74、63.45、62.55、7.95、126.00；而经济条件一般的老年人在这 5 个维度的平均分最低，分别为 6.78、42.52、52.96、5.59、95.48。整体而言，经济条件较好的老年人，科学素质水平往往较高。

表 2-53 不同经济条件老年人科学素质各维度得分

经济条件	统计量	科学意识	数字化	健康老龄化	社会参与	数字健康老龄化
经济条件一般	平均值	6.78	42.52	52.96	5.59	95.48
	标准差	3.89	25.43	19.86	2.49	39.06
经济条件较好	平均值	9.10	57.25	61.12	7.17	118.37
	标准差	3.84	23.46	15.92	2.54	33.69
经济条件非常好	平均值	10.74	63.45	62.55	7.95	126.00
	标准差	4.02	18.85	15.62	2.97	24.79

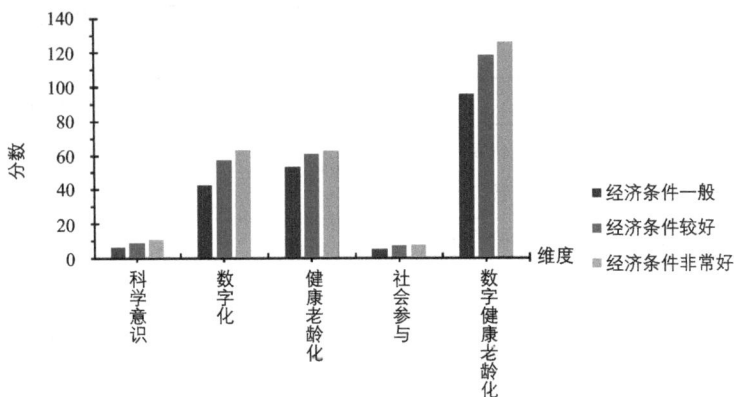

图 2-52　不同经济条件老年人测试基本情况直方图

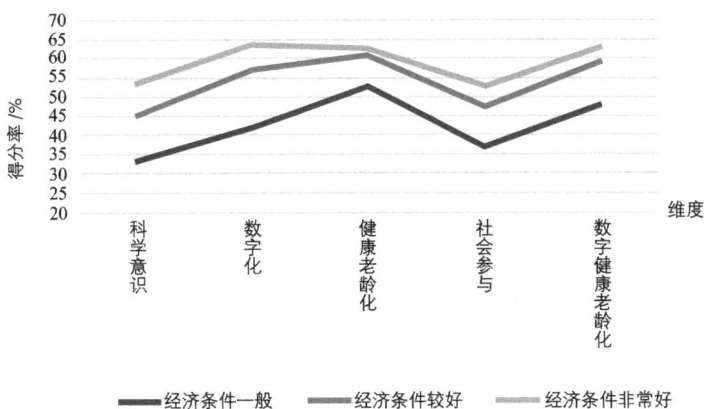

图 2-53　不同经济条件老年人测试得分率图

不同居住方式老年人的测试表现：由表 2-54 可知，不同居住方式的老年人在 5 个维度上均无显著差异，说明居住方式不会显著影响老年人的科学素质水平。

表 2-54　不同居住方式老年人测试表现显著性系数情况

检验方式	维度	显著性系数
Kruskal–Wallis 检验	科学意识	0.600
	数字化	0.292
	健康老龄化	0.386
	社会参与	0.392
	数字健康老龄化	0.300

　　观察表 2-55、图 2-54 和图 2-55 发现，除去人数较少的"其他"居住方式，独自居住的老年人在"数字化""健康老龄化""社会参与""数字健康老龄化"4 个维度的平均分较高，分别为 58.31、58.44、7.15、116.75。

表 2-55　不同居住方式老年人科学素质各维度得分

居住方式	统计量	科学意识	数字化	健康老龄化	社会参与	数字健康老龄化
独自居住	平均值	8.38	58.31	58.44	7.15	116.75
	标准差	4.28	25.76	17.79	2.68	38.51
仅和配偶一起居住	平均值	8.15	49.94	57.24	6.59	107.18
	标准差	4.15	24.81	18.33	2.70	37.17
仅和子女或孙辈居住	平均值	8.70	53.77	55.37	6.47	109.13
	标准差	4.42	27.05	19.61	2.58	41.87
与配偶一起和子女或孙辈共同居住	平均值	8.46	51.75	60.43	6.43	112.18
	标准差	3.84	24.46	16.85	2.69	35.50
敬老院/养老院	平均值	/	/	/	/	/
	标准差	/	/	/	/	/
保姆长期居家照顾	平均值	9.20	43.60	50.20	5.00	93.80
	标准差	3.19	35.03	19.21	2.00	39.35
其他	平均值	5.25	58.50	41.25	5.75	99.75
	标准差	3.30	30.70	23.46	4.35	45.57

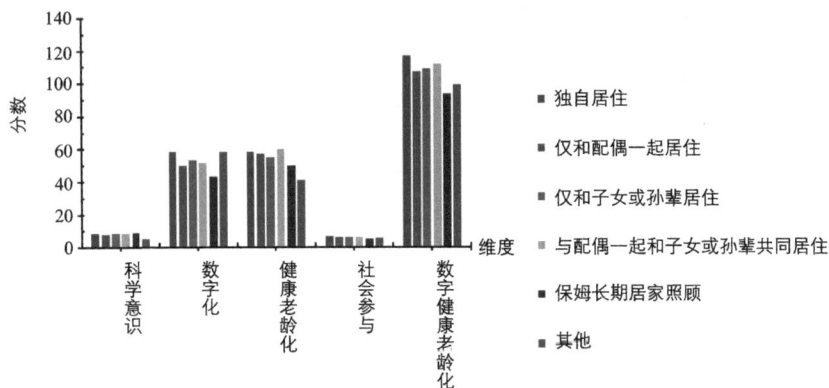

图 2-54　不同居住方式老年人测试基本情况直方图

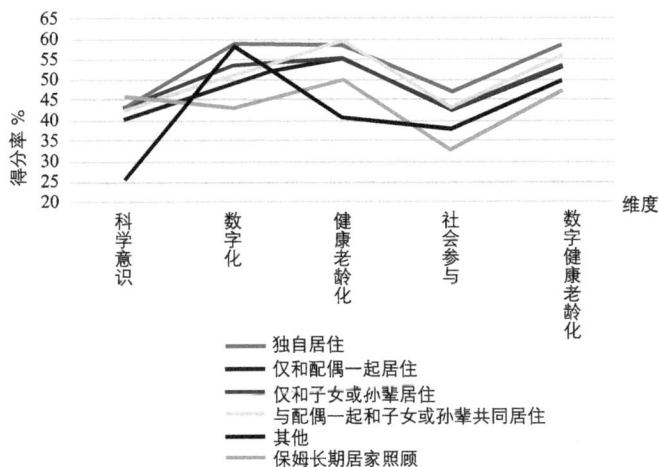

图 2-55　不同居住方式老年人测试得分率图

　　不同健康状况老年人的测试表现：由表 2-56 可知，不同健康状况的老年人在 5 个维度上存在显著差异，说明健康状况会影响老年人的科学素质水平。

表 2-56 不同健康状况老年人测试表现显著性系数情况

检验方式	维度	显著性系数
Kruskal–Wallis 检验	科学意识	0.000**
	数字化	0.000**
	健康老龄化	0.002**
	社会参与	0.000**
	数字健康老龄化	0.000**

观察表 2-57 和图 2-56、图 2-57 发现，健康状况非常好的老年人在"科学意识""数字化""健康老龄化""社会参与""数字健康老龄化"5 个维度的平均分最高，分别为 10.68、66.00、64.54、8.15、130.54。

表 2-57 不同健康状况老年人科学素质各维度得分

健康状况	统计量	科学意识	数字化	健康老龄化	社会参与	数字健康老龄化
非常好	平均值	10.68	66.00	64.54	8.15	130.54
	标准差	3.83	22.11	14.26	2.94	29.60
比较好	平均值	8.82	54.52	57.76	6.74	112.28
	标准差	3.93	24.68	16.81	2.58	35.60
一般	平均值	6.82	43.28	57.08	5.85	100.36
	标准差	3.74	23.49	19.81	2.44	37.57
比较差	平均值	5.20	37.40	44.53	5.27	81.93
	标准差	3.91	22.85	20.59	2.79	36.94
非常差	平均值	3.00	0.00	10.00	3.00	10.00
	标准差	0.00	0.00	0.00	0.00	0.00

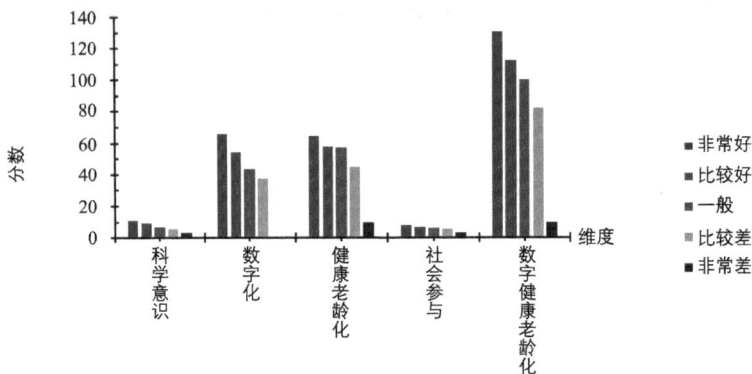

图 2-56　不同健康状况老年人测试基本情况直方图

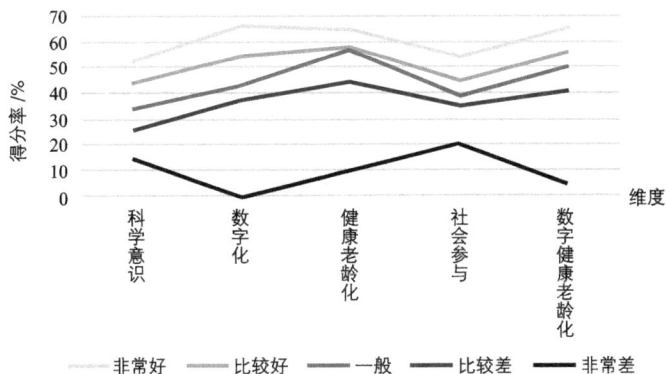

图 2-57　不同健康状况老年人测试得分率图

（五）相关问题探讨

数字鸿沟的基本情况：选择"偶尔会有这种感觉"的频数最高，达到总样本量的 39.47%；其次是选择"没有这种感觉"的频数，达到总样本量的 30.16%，两者占比之和达到 69.63%；选择"总有这种感觉"的最少，达总样本量的 9.53%。

数字鸿沟问题的作答情况如表 2-58 所示。

表 2-58　数字鸿沟问题的作答情况

由于不能及时接触或者不会用新的信息、网络技术，感到被社会孤立了 [单选]		
选项	频数	百分比 / %
没有这种感觉	136	30.16
偶尔会有这种感觉	178	39.47
感觉一般	94	20.84
总有这种感觉	43	9.53
总计	451	100.00

　　探讨"数字化""健康老龄化"和"数字健康老龄化"3 个维度与老年人数字鸿沟的关系，详见表 2-59 和图 2-58、图 2-59。可以发现，选择 A、B、C、D 4 个选项的老年人在"数字化"维度的平均得分分别为 56.21、55.51、43.65、39.19，表明认为不存在数字鸿沟问题的老年人数字素养水平较高。

　　选择 A、B、C、D 4 个选项的老年人在"健康老龄化"维度的平均得分分别为 58.26、60.08、54.19、55.60；在"数字健康老龄化"维度的平均得分分别为 114.48、115.59、97.84、94.79。整体而言，选择"没有这种感觉""偶尔会有这种感觉"的老年人平均得分较高，说明老年人的数字鸿沟问题直接影响科学素质水平。

表 2-59　数字鸿沟与三个维度表现的关系

由于不能及时接触或者不会用新的信息、网络技术，感到被社会孤立了	统计量	数字化	健康老龄化	数字健康老龄化
没有这种感觉	平均值	56.21	58.26	114.48
	标准差	24.79	18.70	38.49
偶尔会有这种感觉	平均值	55.51	60.08	115.59
	标准差	24.38	14.96	33.51

由于不能及时接触或者不会用新的信息、网络技术，感到被社会孤立了	统计量	数字化	健康老龄化	数字健康老龄化
感觉一般	平均值	43.65	54.19	97.84
	标准差	22.73	21.01	36.91
总有这种感觉	平均值	39.19	55.60	94.79
	标准差	27.06	19.96	40.41
总计	平均值	51.69	57.88	109.57
	标准差	25.17	18.07	37.30

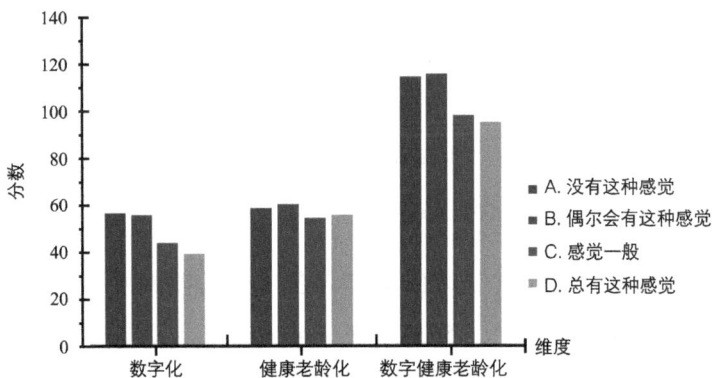

图 2-58　数字鸿沟与三个维度关系的基本情况直方图

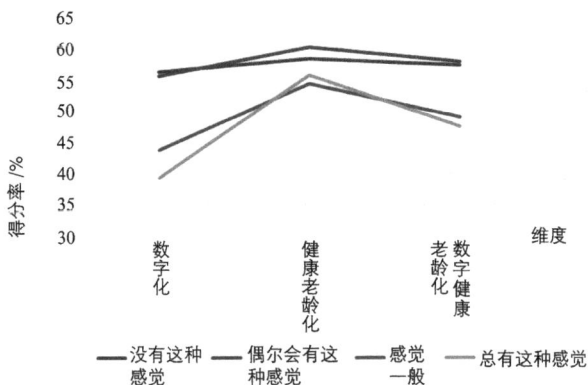

图 2-59　数字鸿沟与三个维度关系的得分率图

从表 2-60 可以看出，"偶尔会有这种感觉"以及"没有这种感觉"的老年人，实际参与的活动较多，他们大部分都参与家庭及邻里活动、社会服务以及老年组织。整体而言，这些老年人的业余生活非常丰富，他们能够较好地融入社会，会随着时代变迁、新技术的发展，对新技术产生好奇，会主动学习新的知识，具有终身学习的能力和积极性。我们推测，"偶尔会有这种感觉"的群体更关注自身融入社会的程度，所以参与社会的程度更高，其整体素质也较高。

表 2-60　数字鸿沟与参加活动的选择

选项	家庭及邻里活动	社会服务	老年组织	不参加	其他
	人数	人数	人数	人数	人数
没有这种感觉	104	57	40	16	7
偶尔会有这种感觉	153	72	51	4	1
感觉一般	79	25	18	10	3
总有这种感觉	36	10	9	8	1

数字鸿沟与数字成瘾的关系：分别统计数字鸿沟问题（由于不能及时接触或者不会用新的信息、网络技术，感到被社会孤立了）与数字成瘾问题（我会控制每天使用智能手机的时间，避免沉迷）的作答情况。观察表 2-61 发现，在数字成瘾问题上选择"是"的人中有 104 人选择"没有这种感觉"，131 人选择"偶尔会有这种感觉"，说明回答没有孤立感的老年人数字成瘾问题不突出。另外，在能控制手机使用时间，避免数字成瘾的老年人中，选择"没有这种感觉""偶尔会有这种感觉"的约占总人数的 52.11%，也说明没有孤立感的老年人的数字成瘾问题不突出。

表 2-61 数字鸿沟与数字成瘾的关系

选项	是否能避免数字成瘾	计数	占比	占总人数的百分比 / %
没有这种感觉	是	104	76.47	23.06
	否	32	23.53	7.10
	合计	136	100.00	30.16
偶尔会有这种感觉	是	131	73.60	29.05
	否	47	26.40	10.42
	合计	178	100.00	39.47
感觉一般	是	65	69.15	14.41
	否	29	30.85	6.43
	合计	94	100.00	20.84
总有这种感觉	是	31	72.09	6.87
	否	12	27.91	2.66
	合计	43	100.00	9.53

数字成瘾与社会活动参与的关系：对老年人数字成瘾与其是否参加各项活动进行斯皮尔曼相关分析，如表 2-62、表 2-63 和图 2-60 所示，可见数字成瘾与"家庭及邻里活动""社会服务""老年组织"存在显著的正相关，与"不参加"存在显著负相关，即参加的活动越多，越不容易出现数字成瘾的情况。说明老年人参加的社会活动越多，就越能控制每天使用智能手机的时间，避免沉迷。

表 2-62 数字成瘾与社会活动参与的关系

统计量	家庭及邻里活动	社会服务	老年组织	不参加	其他
相关系数	0.171**	0.163**	0.130**	−0.197**	−0.088
Sig.（双尾）	0.000**	0.001**	0.006**	0.000**	0.063

表 2-63 参与不同社会活动的老年人控制数字成瘾的情况

| 社会活动 | 我会控制每天使用智能手机的时间，避免沉迷 | | | |
| | 是 | | 否 | |
	人数	在参与该社会活动人数中的占比 / %	人数	在参与该社会活动人数中的占比 / %
家庭及邻里活动	286	76.88	86	23.12
社会服务	136	82.93	28	17.07
老年组织	98	83.05	20	16.95
不参加	17	44.74	21	55.26
其他	6	50.00	6	50.00

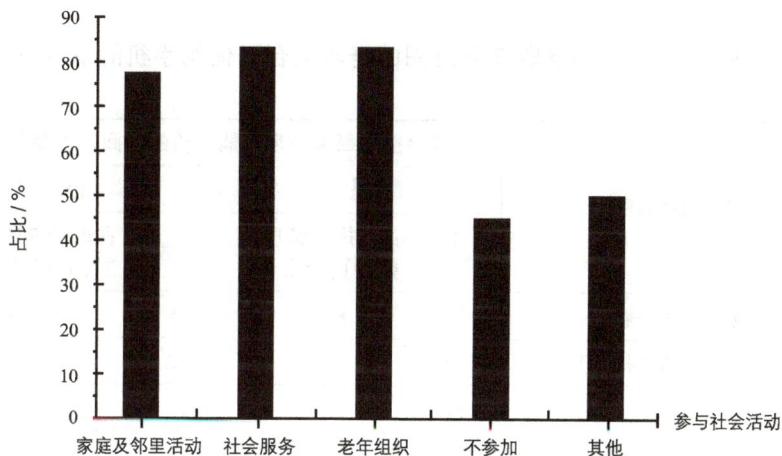

图 2-60 参与不同活动的老年人合理使用手机的比例

　　数字成瘾与获取信息意图的关系：对是否数字成瘾与是否选定各项"主动获取科技信息的原因"进行斯皮尔曼相关分析。观察表 2-64、表 2-65 和图 2-61，可见数字成瘾与"主动获取科技信息"存在显著的相关性。其中数字成瘾与"对特定科技主题感兴趣""想跟上时代，主动自我提升""解决具体问题"存在显著的正相关，与"打发时间""其他"存在显著负相关。说明老年人主动获取科技信息的原因如果是打发时间，则容易造成数字成瘾；而如果主动获取科技信息是为了了解感兴趣的科技主题，想跟上时代，主动提升自我或者解决具体问题，则不容易造成数字成瘾。

表 2-64 数字成瘾与获取信息意图的关系

	对特定科技主题感兴趣	想跟上时代，主动自我提升	解决具体问题	日常生活及工作场景需要	打发时间	其他（请填写）
相关系数	0.191**	0.225**	0.122**	0.075	−0.161**	−0.196**
Sig.（双尾）	0.000**	0.000**	0.009**	0.114	0.001**	0.000**

表 2-65 不同获取信息意图的老年人合理使用手机的情况

获取信息的意图	我会控制每天使用智能手机的时间，避免沉迷			
	是		否	
	人数	占选择该选项人数的百分比/%	人数	占选择该选项人数的百分比/%
对特定科技主题感兴趣	115	86.47	18	13.53
想跟上时代，主动自我提升	172	84.31	32	15.69
解决具体问题	111	81.62	25	18.38
日常生活及工作场景需要	129	77.71	37	22.29
打发时间	141	65.89	73	34.11
其他（请填写）	3	23.08	10	76.92

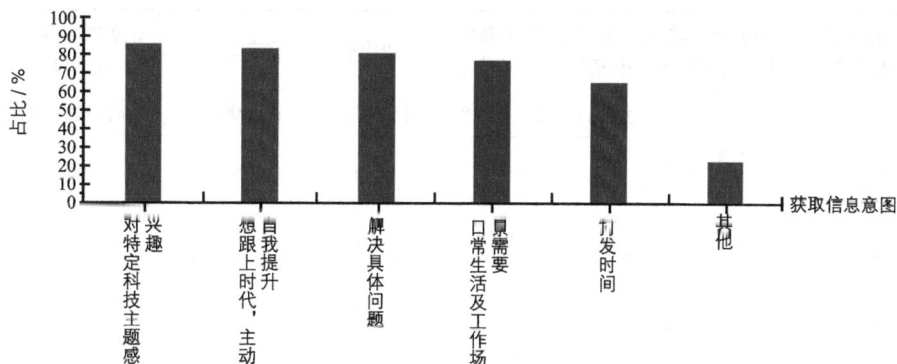

图 2-61　不同获取信息意图的老年人合理使用手机的比例

学习渠道或方式情况：调查老年人学习各类科学知识、学习使用智能设备等的渠道或方式，结果如表 2-66、图 2-62 所示。根据调查结果，调查的老年群体更倾向于"通过自己的儿女、孙辈等亲人"或是"通过同辈亲人与朋友互相学习"来获取相关知识，占比分别约为 76.72% 和 66.30%。结合相关科学素质测试结果来看，"自己上网查询"以及"通过专门的公益机构，如老年（科技）大学"的方式学习的老年人整体素质相对较高。

表 2-66　学习渠道或方式调查情况

您更偏向于通过什么渠道或方式，学习各类科学知识、学习使用智能设备等？[多选]			数字化	健康老龄化	数字健康老龄化
选项	频数	百分比 / %	得分率 / %	得分率 / %	得分率 / %
通过自己的儿女、孙辈等亲人	346	76.72	48.66	57.55	53.11
通过同辈亲人与朋友互相学习	299	66.30	53.36	60.48	56.92
通过社区、居委会	154	34.15	58.47	62.99	60.73
通过专门的公益机构，如老年（科技）大学	84	18.63	66.92	65.99	66.45

您更偏向于通过什么渠道或方式，学习各类科学知识、学习使用智能设备等？[多选]			数字化	健康老龄化	数字健康老龄化
选项	频数	百分比 / %	得分率 / %	得分率 / %	得分率 / %
通过专门的私立教育服务机构	30	6.65	63.97	57.33	60.65
自己上网查询	97	21.51	69.11	64.48	66.80

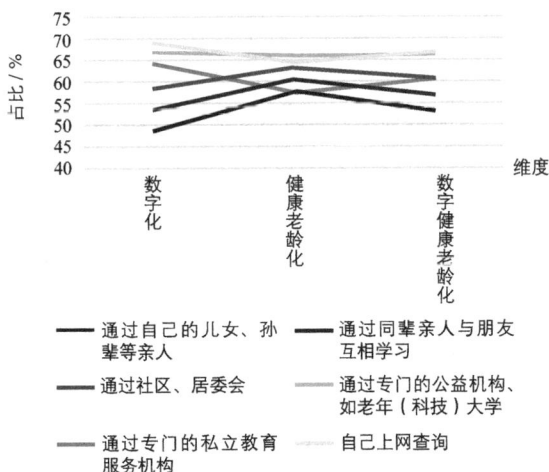

图 2-62　学习渠道或方式情况

　　老年人对解决老年人使用智能设备获取信息和应用信息技术存在问题的需求和建议：结果如表 2-67 所示。根据调查结果，调查的老年群体大部分都赞同"数字技术及产品的适老化改造，研发更多对老年人友好的产品、基础设施""提供针对老年人的培训课程、学习资源，增加老年人的学习机会"的建议，占比分别为 60.75%、58.09%。

表 2-67　解决老年人使用智能设备获取信息和应用信息技术存在问题的需求
和建议

选项	频数	百分比 / %
提供针对老年人的培训课程、学习资源，增加老年人的学习机会	262	58.09
数字技术及产品的适老化改造，研发更多对老年人友好的产品、基础设施	274	60.75
提供个性化的技术支持和指导	183	40.58
加强网络安全和隐私保护教育	186	41.24
提供交流的平台	113	25.06
加强社区、老年大学、老龄服务机构之间的合作	145	32.15
提供针对老年人的数字素养评估和认证，激发学习动力	98	21.73
其他（请填写）	28	6.21

健康素养提升方面的需求或建议：老年人在健康素养提升方面的需求或建议如表 2-68 所示。由调查结果可知，占比过半的需求或建议有"普及国家卫生健康服务政策，尤其是关于老年人的政策""普及积极老龄观、健康老龄化理念""加强健康知识和健康技能普及""多开展健康类谣言辟谣、老年人健康误区澄清的科普活动"，占比分别约为 65.63%、57.21%、52.77%、52.55%。

表 2-68　老年人在健康素养提升方面的需求及建议

选项	频数	百分比 / %
普及积极老龄观、健康老龄化理念	258	57.21
普及国家卫生健康服务政策，尤其是关于老年人的政策	296	65.63
加强健康知识和健康技能普及	238	52.77
多开展健康类谣言辟谣、老年人健康误区澄清的科普活动	237	52.55
推动医务工作者（如家庭医生）进社区	207	45.90

选项	频数	百分比 / %
定期组织健康类的课程活动进社区	157	34.81
推进老年（科技）大学在社区设立分校 / 教学点，便于学习相关知识	109	24.17
其他（请注明）	26	5.76

社会参与渠道方面的需求：老年人对积极融入社会的渠道的看法如表 2-69 所示。由调查结果可知，参与调查的老年群体更愿意通过"参加老科协、老年之家等为老年人服务的团体或机构"以及"参与街道、社区等组织的面向老年人的活动"的方式积极融入社会，占比分别约为 49.45% 和 75.39%。

表 2-69　老年人在社会参与渠道方面的需求

选项	频数	百分比 / %
参与街道、社区等组织的面向老年人的活动	340	75.39
参加老科协、老年之家等为老年人服务的团体或机构	223	49.45
为同年龄的老年群体提供支持服务，如到老年（科技）大学开展教学、策划组织活动、做学习团队负责人、做学习活动志愿者等	213	47.23
到老年（科技）大学学习、交流	150	33.26
其他（请填写）	43	9.53

对老年（科技）大学学习需求与实际学习经历进行交叉分析，结果如表 2-70 所示。

表 2-70 交叉分析结果

		您希望通过什么渠道积极融入社会？[多选]（到老年（科技）大学学习、交流）			
		未选中		选中	
		计数	行 N / %	计数	行 N / %
您是否曾在老年大学、老年科技大学等老年教育机构学习？[单选]	是	23	36.51	40	63.49
	否	278	71.65	110	28.35

从表 2-70 可以看出，曾在老年教育机构学习的老人中，约有 63.49% 的人希望继续到老年（科技）大学学习、交流，但也有一部分人选择不再以这一方式融入社会，大部分没有在老年教育机构学习过的老人都选择了不以这一渠道融入社会（约占 71.65%），大约仅有 28.35% 没有参与过老年教育机构学习的老年人有意愿通过这一渠道更多地参与社会活动。

五、老年人科学素质调查主要结论

（一）老科技工作者科学素质测试的主要结论

（1）从"科学意识""数字化""健康老龄化""社会参与"4 个维度的得分情况来看，得分率分别约为 60.85%、74.49%、70.07%、55.40%，可见"数字化"得分率最高，"社会参与"得分率最低。从二级指标来看，"数字技能"方面得分率最高，约达 80.16%，"社会认同感""对科学的兴趣"的得分率相对低，分别约为 47.67%、58.19%。

（2）整体性别差异不大，男性在"科学意识""数字化"以及"数字健康老龄化"几个方面得分率略高，女性在"健康老龄化""社会参与"等方面得分率略高，表明女性更关注健康，社会参与的积极性更高。

（3）文化程度对老年人科学素质有显著的影响，文化程度越高，其科学素质会相应更高。

（4）从地域分布来看，中部老年人科学素质相对较高，但因实际参与调查的老年人中东部地区的老年人占比约达 83.60%，所以地域影响的分析说服力相对弱。

（5）不同年龄阶段的老年人科学素质有显著差异，年龄越小，其科学素质越高。

（6）不同工作现状的老年人的科学素质测试表现存在显著差异，从事工作的老年人科学素质更高。

（7）不同经济条件的老年人的科学素质测试表现存在显著差异，经济条件好的老年人的科学素质水平较高。

（8）居住方式在一定程度上会影响老年人的科学素质水平，但没有哪一种特定方式在老年人科学素质各维度上具有优势，整体来看，居住在敬老院或养老院的老人，在科学素质各维度上均表现较差。

（9）不同健康状况老年人的测试结果存在显著差异，健康状况越好，其科学素质水平越高。

（10）不同社会活动参与频率的老年人在测试中表现出明显的差异，经常参加社会活动的老年人的科学素质水平较高。

（11）不同社会活动参与态度的老年人，科学素质水平存在显著差异，态度积极的老年人的科学素质水平较高。

（12）数字鸿沟对科学素质的影响。数字鸿沟问题带来的社会孤立感越强，科学素质水平越低。没有孤立感的老年人，实际参与的活动较多，主要参与家庭及邻里活动、社会服务以及老年组织。整体而言，可以看出这些老年人并不认为自己被数字时代孤立，并且他们的数字素养较高。

（13）数字成瘾问题。社会活动参与程度较高的老年人对手机使用时间控制能力较强，可以有效避免数字成瘾。如果信息获取的意图是感兴趣的科技主题，想跟上时代，主动提升自我，或者日常生活及工作需要，则不容易形成数字成瘾。

（二）普通老年群体的科学素质测试结论

（1）从"科学意识""数字化""健康老龄化""社会参与""数字健康老龄化"5 个维度的得分情况来看，得分率分别约为 41.40%、51.69%、57.88%、43.87%、54.79%，"健康老龄化"维度得分率最高，达到 57.88%，"科学意识"维度得分率最低，约为 41.40%。从二级指标来看，"基本知识和理念"方面得分率最高，大约达到 63.63%；"社会参与感"方面得分率最低，为约 39.22%。

（2）不同性别的老年人表现差异不大，但在"科学意识""数字化""健康老龄化""社会参与""数字健康老龄化"维度，女性的平均分均高于男性。

（3）文化程度会影响老年人的科学素质水平，文化程度越高，其科学素质会相应更高。

（4）来自城市地区的老年人在"科学意识""数字化""健康老龄化""社会参与""数字健康老龄化"5 个维度的平均分最高，科学素质会高于来自农村和其他地区的老年人。

（5）地区会影响老年人的科学素质水平。北京市的老年人在"数字化""健康老龄化""数字健康老龄化"这 3 个维度的平均分最高。整体来看，经济较为发达的地区，老年人的科学素质水平相对较高。

（6）不同年龄阶段老年人的科学素质测试表现在 5 个维度上均存在显著差异，老年人年龄越小，其科学素质越高。

（7）不同工作现状的老年人的科学素质测试表现在"科学意识""数字健康老龄化"方面存在显著差异，从事工作的老年人科学素质更高。

（8）不同经济条件的老年人的科学素质测试表现存在显著差异，经济条件好的老年人的科学素质水平较高。

（9）不同居住方式的老年人在 5 个维度上均不存在显著差异。

（10）不同健康状况老年人的测试结果存在显著差异，健康状况越好，其科学素质水平越高。

（11）数字鸿沟的影响。认为因数字鸿沟问题偶尔会带来社会孤立感或者不存在孤立感的老年人，其科学素质水平相对较高。偶尔或没有这种感觉的老年人，实际参与的社会活动较多，大部分参与了家庭及邻里活动、社会服务以及老年组织。整体而言，大多数老年人的业余生活非常丰富，能够较好地融入社会。

（12）数字成瘾问题。没有孤立感觉的老年人数字成瘾问题不突出。数字成瘾与"家庭及邻里活动""社会服务""老年组织"存在显著正相关，与"不参加"存在显著负相关，即参加活动越多，数字成瘾程度越轻。从获取信息意图来看，老年人主动获取科技信息的原因如果是打发时间，则容易造成数字成瘾；而主动获取科技信息的原因如果是感兴趣的科技主题，想跟上时代，主动提升自我，解决具体问题或者日常生活及工作需要，则不容易造成数字成瘾。

第三章

老年人科学素质
提升的实践路径

第一节　科普场馆在提升老年人科学素质中的作用与实践

《纲要》首次将老年人纳入重点人群，科普场馆作为促进全民科学素质提升的重要科普阵地，落实《纲要》工作任务是其责任和义务所在。《中国老科协、中国科协科普部关于创建老年科技大学的指导意见》的颁布，更进一步强调了科普场馆在服务老年群体科学素质提升方面的职责。为了解科普场馆在促进老年群体的继续教育、提升老年群体科学素质的情况，2023 年 12 月"老年人科学素质提升研究"项目组（以下简称"项目组"）面向全国科普场馆对老年科普工作开展情况进行了调研。

（一）科普场馆基本情况

参与调研的科普场馆的地区分布及类型分别如图 3-1 及图 3-2 所示，有 28 个省、直辖市、自治区的科普场馆参与调研，项目组共收集到 79 份样本，其中专业科技馆类（科技馆、自然博物馆、专业领域科普场馆等）有 67 家，占比约为 84.81%。专业科技馆类科普场馆是本次调研的主要对象。

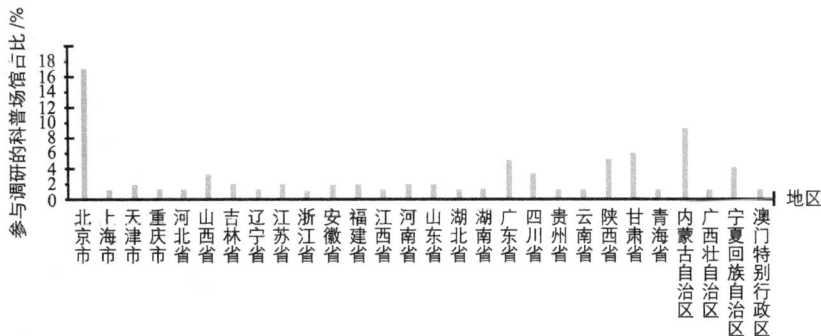

图 3-1　参与调研的科普场馆地区分布情况

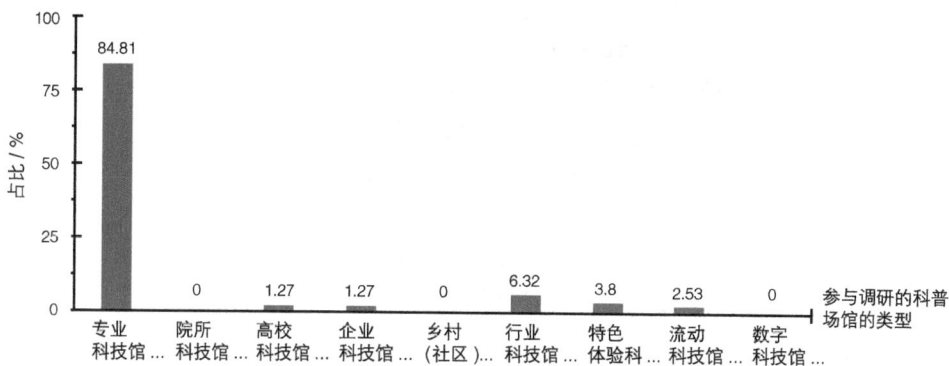

图 3-2　参与调研的科普场馆的类型

（二）科普场馆对老年科普工作的重视度

为了分析科普场馆对老年科普工作的重视度，本调查设置了以下 4 个问题：（1）是否把老年科普工作列入年度或"十四五"期间的重点工作；（2）是否已开展与老年教育相关的科普活动；（3）老年科普工作的年度经费支持情况；（4）每年度开展老年科普活动的频次。

如图 3-3 所示，超过半数的科普场馆未将老年科普工作列入年度或"十四五"期间的重点工作；如图 3-4 所示，未开展面向老年人的相关科普活动的科普场馆同样超过半数。对老年科普工作的年度支持经费情况如图 3-5 所示：59.49% 的科普场馆没有为老年科普工作提供经费支持；年度经费支持金额在 10 万元以下的科普场馆，占比约为 32.92%；仅有约 5.06% 的科普场馆提供了高于 50 万元的经费支持。

否：50.63%　　是：49.37%

图 3-3　将老年科普工作列入重点工作

未开展：55.7%　　已开展：44.3%

图 3-4　开展老年科普活动情况

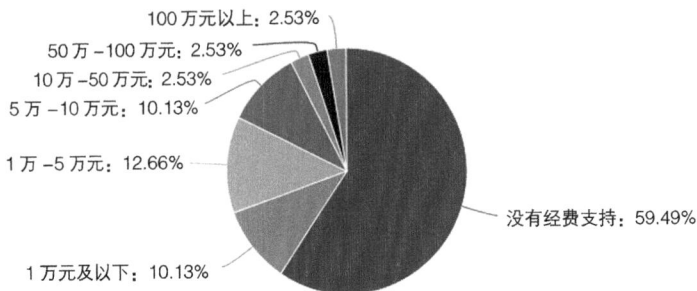

图 3-5　年度经费支持情况

　　对于已开展老年科普活动的 35 所科普场馆，就其年度活动频次进行调研，结果如图 3-6 所示：在每季度活动一次的场馆最多，占比约为 42.86%；其次是每周活动一次和每月活动一次的场馆，均约占 17.14%；每半年活动一次和年度偶尔活动一次的场馆较少，分别约占 8.57% 和 14.29%。

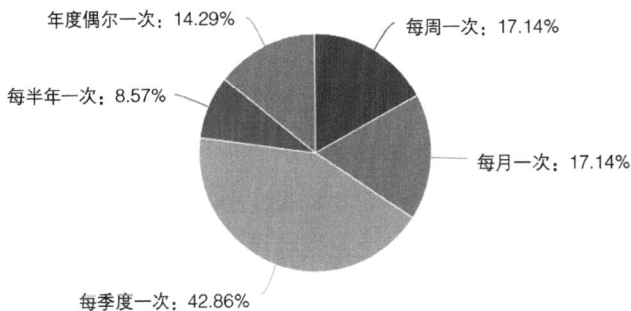

图 3-6　年度开展老年科普活动频次

　　可见，作为科普工作主阵地的科普场馆，对老年科普工作的重视度较低。虽然老年人已被列入科普重点人群，但上述调查结果显示老年科普工作在科普场馆尚未成为常态化工作。

（三）老年科普活动开展情况

　　从老年科普活动的传播方式、活动类型、活动主题涉及的领域等方面，对已开展的老年科普活动进行分析。

调查传播方式时设置了单选题，选项为：A 线上线下同步 /B 线上为主 /C 线下为主。经统计发现：线上线下同步的方式占比最高，达到 51.43%；其次是线下为主的方式，占比约为 45.71%；线上为主的方式占比最低，仅约为 2.86%。可见，线上线下同步方式及线下方式合计占比约达 97.14%，体现出了老年科普活动对线下传播方式更为依赖的特点。

在调查活动形式时设置了多选题，选项有：A 以科普报告、培训、沙龙等形式为主的科普活动 /B 基于展品的自由及引导式的参观体验 /C 基于相关主题的互动咨询、交流 /D 以讲座为主，同步开展咨询、互动交流 /E 大型综合体验活动 /F 线上科普资源推送。统计结果如图 3-7 所示：以讲座为主，同步开展咨询、互动交流的科普活动占比最大，约为 68.57%；以科普报告、培训、沙龙等形式为主的科普讲座活动占比约为 60%；基于展品的自由及引导式的参观体验也是老年科普教育活动的重要形式，占比约为 51.43%。可见，科普场馆开展的老年科普活动主要形式以报告、讲座、参观体验为主，体现出了场馆能充分利用科普场馆场地及资源的特点。

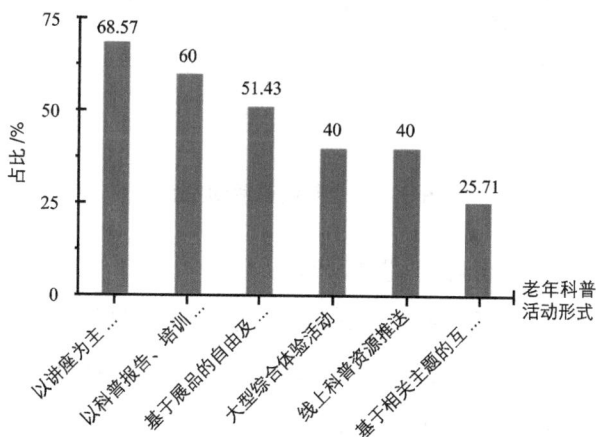

图 3-7 老年科普活动形式

在调查活动主题时设置了多选题，选项有：A 前沿科技 /B 科学健康（身体健康、心理健康、饮食健康、合理用药、健康生活、医疗保健等）/C 实用技能 /D 思想政治 /E 文体类 /F 数字素养（例如手机等智能设备的使用等）/G 防范诈骗及辟谣 /H 积极老龄观。经统计发现（如图 3-8 所示），已开展的老年科普教育活动中，科学健康主题的占比最高，约为 85.71%；数字素养和前沿科技主题的占比约为 42.86%；防范诈骗及辟谣的占比约为 48.57%。可见，活动主题的设置既契合老年人实际需求，也契合《纲要》对"老年人科学素质提升行动"相关部署的重要要求。

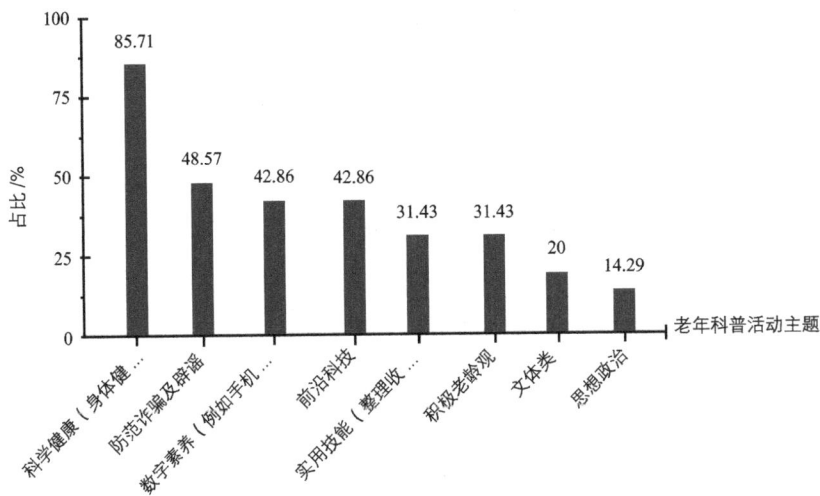

图 3-8　老年科普活动主题

在调查科普活动场地时设置多选题，选项为：A 依托老年大学等教育机构、社区、养老机构等联合开展 /B 依托科普场馆场地资源 /C 依托相关主题科普活动，走进公园、街边等。经统计发现，"依托科普场馆场地资源"是最受欢迎的，占比约为 91.43%，推测出现这一结果的主要原因是科普场馆拥有丰富的教育资源和设施，能够提供更好的教学环境和体验；"依托老年大学等教育机构、社区、养老机构等联合开展"也相对受欢迎，占比约为45.71%；"依托相关主题科普活动，走进公园、街边等"占比约为42.86%，说明老年大学、社区和养老机构等教育机构，以及公园、街边等开放场所在老年科普工作中也十分重要。

（四）老年科普工作的问题及建议

为深入了解老年科普工作中存在的困难，设置排序题从重视程度、经费、硬件及软件资源等层面进行调研。将以下选项按问题的突出性进行排序：A对老年教育 / 科普工作重视程度不足 /B 经费投入严重不足 /C 科普场馆适老化建设不够完善 /D 专业老年教育服务团队薄弱 /E 老年教育课程等资源短缺 /F 缺乏与社会相关机构联动的渠道和机制。结果如图 3-9 所示。

老年科普工作中存在的困难

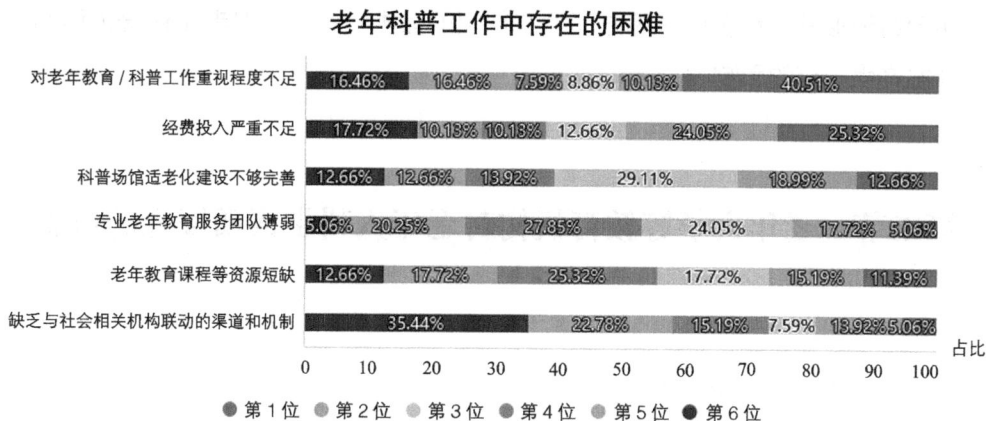

图 3-9　开展老年科普工作存在的问题

经统计发现，对老年科普工作重视程度不足是最突出的问题，大约有 40.51% 的人将其列为第一位；排第二位的是经费投入严重不足，大约有 25.32% 的人将其列为第二位；排第三位的是科普场馆适老化建设不够完善，大约有 29.11% 的人将其列为第三位；其他因素如专业老年教育服务团队薄弱、老年教育课程等资源短缺、缺乏与社会相关机构联动的渠道和机制等因素的显著程度依次降低。可见，科普场馆开展老年科普工作的主要问题在于对老龄工作的重视度以及经费问题，这也反映了推动政策落实的条件不足。

总的来说，自2021年《纲要》颁布以来，各科普场馆在老年科普工作的重视程度、支持力度、软硬件条件和资源建设等方面均面临较大的难题。分析其原因如下。一是长久以来科普场馆以青少年为主要受众群体，因固化思维和环境及资源基础的影响，转变工作思路和重点任务较慢，对老年群体的科普工作的落实还在初步探索期。二是相关的政策文件的约束力不强、任务实施细则不够明确，并且对相关的配套支持如经费、人员等没有很好地统筹，这些都直接影响落实情况。三是引导全民树立积极老龄观的社会氛围、有效机制和保障措施均还在探索中，直接影响了老年科普工作的落实力度。四是老年人因身心发展特征、学习方式、生活习惯等客观因素，在硬件条件、活动组织形式、科普内容等方面均有特定的需求，这也会对老年科普工作的开展产生一定的影响。

第二节　老年大学等教育机构对老年人科学素质提升的贡献

一、老年大学建设现状

在《2022年度国家老龄事业发展公报》中提到，"依托开放大学体系提供办学服务，有30所分部成立省级老年开放大学或专门机构，在基层设立超过5.5万个学习点。"而在《2021年度国家老龄事业发展公报》中就已明确指出"全国已成立28个省级社区教育指导中心、280多个地市级社区教育指导中心、1457个县（市、区）级社区教育学院"。

全国老年大学建设的优势是政府支持力度强。老年大学（学校）以政府办学为主导，多元办学主体合作发展。目前全国至少有 6 个系统参办老年大学教育，即老干部局系统、教育系统、文化系统、民政系统、全国老龄工作委员会办公室以及社会力量，已经初步形成了一个全方位、多层次、多学科、多功能、开放式的教育教学体系。

全国老年大学不仅数量众多、规模庞大，还具有以下 4 个特点。

老年大学教育的覆盖面不断扩大。我国老年教育具有规模大、覆盖面广、自成网络体系等特点，绝大部分省、直辖市、自治区内已建立起省—市—县（区、市）—街（乡镇）的四级办学网络体系，电视、广播、网络等远程教育也正逐步建立起来。

课程多元化。全国老年大学提供的课程种类繁多，包括文学、历史、文艺、体育、科技、医疗、教育、哲学等多个领域，满足了老年人多样化的学习需求。某些课程专业水平很高，比如书法类、国画类、文艺表演类、体育健身类等，这些课程的教师许多是高等院校的教授、研究生导师或行业名人、行家里手。由老年大学社团组织开展的文艺表演、体育健身表演等堪比专业团体的水平。

教师队伍不断壮大。各地区老年大学拥有丰富的教育资源，包括优秀的教师队伍、完备的教学设施和先进的教学理念，为老年人提供了良好的学习条件。老年大学的教师以兼职为主，专职为辅。目前各地各类的高等院校、文化体育等行业协会，已成为师资的主要支援单位，专、兼职教师队伍不断壮大。

学员的社会参与度高。全国老年大学的学员们通过参与各类活动，如文艺比赛、志愿服务等，积极融入社会，实现了自我价值的提升和社会参与度的增强。在老年大学学习，老年人可以结交新朋友、拓展社交圈子，还可以提高自身素养和技能水平，从而增强生活自信，促进了老年人身心健康发展。

二、老年科技大学建设状况

老年科技大学是新兴的老年教育服务模式，主要是在中国老科学技术工作者协会（以下简称中国老科协）指导下开展科技特色的老年教育，这有利于弥补老年科技教育短板，与国内现有老年教育模式形成错位发展。老年科技大学充分发挥中国老科协的组织优势、老科技工作者的智力优势以及科普场馆的资源优势，以满足老年人多层次、多样化的科技文化学习需求为办学目标，采用以科技馆、地方老科协为主要力量的非实体办学模式。老年科技大学主要特点如下。

政府是老年科技大学建设的主要推动者和支持者。政府通过出台相关政策、经费支持等措施，推动老年科技大学的发展。中国老科协及各级老科协组织是老年科技大学建设的协同推动者。

坚持开放性、公益性。聚焦老年人共性需求，面向不同年龄层、不同教育背景的老年群体，采用形式灵活的教学方式，开展公益性的教学活动。实践表明，将老年科技大学建设列入单位年度重点工作，提供经费及人员队伍保障，是老年科技大学保持开放性、公益性特点的关键，有利于推动老年教育的可及性与普惠性发展。

坚持协同联动。老年科技大学与老龄事业相关的教育机构、服务机构、政府部门以及社会支持单位广泛联动，发挥各自的资源优势，以老年人的个性需求与时代需求为导向，研发教育资源，并推进教育资源走进基层，为更多的老年人服务。各机构的协同发展，有利于推进社会不同体系在老年科技教育方面形成合力，以共同推动老年教育高质量发展。

突出科技特色。老年科技大学将对前沿科技的解读、在数字时代出行和就医等场景中数字技术的应用、培养科学健康观和积极老龄观等作为主要教学内容，突出科技特色，让更多老年人享受科技红利，解决社会老年教育课程同质化、科技特色不足的问题。老年科技大学已逐步成为老年教育体系重要的社会支持力量。

　　注重发挥银龄作用。将"学以致用""发挥老龄人才作用"作为老年科技大学教学工作的核心，通过线上与线下相结合的活动形式，凝聚和吸引专业人才特别是老龄人才参与老年教育服务事业。

　　多元化发展模式。目前老年科技大学办学形式主要有：（1）新疆模式，新疆老科协牵头联动老干部局，形成市、县共同联动，线上＋线下同步教学的模式；（2）黑龙江模式，黑龙江老科协联动老干部大学共建老年科学技术大学，共同开展教学活动；（3）北京模式，充分利用科技馆资源，联动社会机构及社区，以发挥老科技工作者的作用和服务来馆及社区的老年人为主要目的，研发课程、开展老年人科学素质提升活动。

　　老年科技大学的发展趋势和发展特点愈发突出。

　　一是以提升老年人科学素质为核心。老年科技大学以满足老年人对科学知识和技能的需求为首要任务，并以健康素养和数字素养为核心两翼，通过提供相关教学活动，提高老年人的科学素质和社会参与能力。

　　二是以完善终身学习体系为目标。老年科技大学坚守办学初衷，以完善终身学习体系为目标，持续提高办学质量，努力打造"老科大"样板。这有助于构建一个更加友好、包容的终身学习环境。

　　三是为满足老年人对科技文化的新需求。随着科技的发展和社会的进步，老年人对科技知识和文化服务的需求也在不断增长。老年科技大学适应这种需求，为老年人提供与时代接轨的教育服务。

　　四是进一步走进基层。老年科技大学积极推动教学资源走进基层，与有条件的社区科普大学等老年活动场所开展合作，开设分校或基层教学点，形成广泛覆盖、便于参与的教学网络，促进继续教育公平、可及。

老年科技大学的建设虽然还处于起步阶段，但也已经取得了较好的成果，未来的发展前景非常广阔。政府和社会各界应该继续加强支持和投入，推动老年科技大学建设向更高水平发展。

三、阻碍老年教育发展的因素

调查发现，在我国社会主要矛盾转变、人口老龄化加剧的新时代背景下，老年教育的发展也出现了诸多问题。

老年教育缺乏顶层系统化设计。老年教育方面，如终身教育理念、资源建设、师资队伍建设、经费投入等缺乏系统性规划，发展体制机制不健全，各系统办学差异大、困难多。

老年教育资源供需矛盾突出。老年教育机构多为公益性机构，因教育场地、经费和师资有限，以及经济和教育资源的不均衡，导致能服务到的老年人数量有限，经常出现一座难求、学习不便等问题。

老年教育课程娱乐性大于实用性。老年大学及相关机构开设的课程有社会科学、文学、语言、历史地理、书法、美术、声乐、器乐、舞蹈、戏剧、生活艺术等，大多是休闲娱乐性内容，与老年人日常生活更密切相关的退休准备、社会适应、心理健康、积极老龄观、跨越"数字鸿沟"等相关的教育资源匮乏。

老年教育的科技内容含量和学术水平相对不足。老年教育资源内容的科技特色不强。尽管新兴的老年科技大学在逐步发展壮大，能在一定程度上凸显老年教育的科技特色，但其毕竟处于起步阶段，远不能满足老年人对科技文化学习的新需求。同时，相较于普通教育、高等教育而言，在老年教育的课程设置、师资、学员、教学、管理、教育模式等方面的研究相对薄弱。

第三节　跨部门合作与联合实施"智慧助老"行动的效果

一、"智慧助老"行动的案例分析

"智慧助老"行动是提升老年人科学素质的重要举措，在调研老年教育及老年科普活动进展情况的同时，应注重对"智慧助老"行动实施的梳理。下面结合中国老年教育网"智慧助老"行动的优秀案例以及各地"智慧助老"行动的相关举措，分析"智慧助老"行动的特点，为助力老年人数字素养提升提供经验和建议。

为贯彻落实《教育部办公厅关于广泛开展老年人运用智能技术教育培训的通知》（教职成厅函〔2021〕15号）要求，扩大优质老年教育资源开放共享，助力老年人享受智慧生活，教育部组织开展了"智慧助老"行动的优秀工作案例、教育培训项目及课程资源推介工作。本研究对在中国老年教育网上发布的该项工作的"智慧助老"行动的优秀案例进行梳理分析，总结"智慧助老"行动的成效。

（一）地区分布情况分析

图3-10及表3-1呈现了"智慧助老"行动的优秀案例的地区分布情况。可以发现，123个优秀案例来自国内26个省、直辖市、自治区，其中优秀案例数量居于前三位的是浙江省（20个）、上海市（13个）及福建省（9个），优秀案例主要来源于经济相对发达的沿海地区。

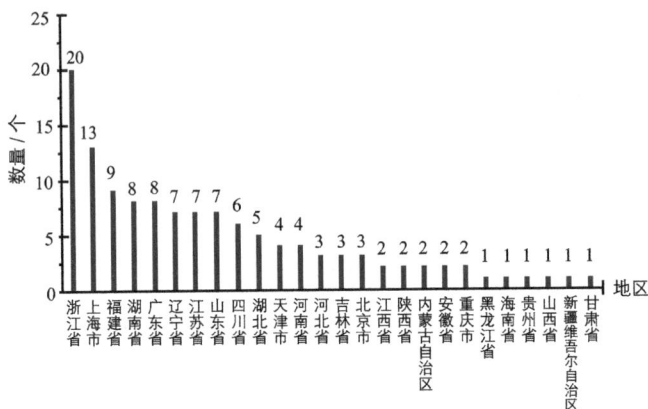

图 3-10 优秀案例的地区分布图

表 3-1 优秀案例的来源及数量

归属地	数量	归属地	数量	归属地	数量	归属地	数量
浙江省	20	四川省	6	陕西省	2	新疆维吾尔自治区	1
上海市	13	湖北省	5	内蒙古自治区	2	甘肃省	1
福建省	9	天津市	4	安徽省	2		
湖南省	8	河南省	4	重庆市	2		
广东省	8	河北省	3	黑龙江省	1		
辽宁省	7	吉林省	3	海南省	1		
江苏省	7	北京市	3	贵州省	1		
山东省	7	江西省	2	山西省	1		

如表 3-2 所示，优秀案例的主要来源是职业学校及大学，社区学校，开放大学、电视大学、老年学校等，以及其他（如教育局、民政局等单位）。其中，社区学校主要依据本社区实际需求开展相关工作；职业学校及大学会有更多志愿者参与"智慧助老"行动；开放大学、电视大学、老年学校等会提供更多课程助力。大部分优秀案例由多方共同合作，通过线

上结合线下的方式实施"智慧助老"行动。

表 3-2　优秀案例来源单位的分布情况

案例单位	个数
职业学校及大学	39
社区学校	27
开放大学、电视大学、老年学校等	44
其他	13

（二）案例内容分析

对 123 个优秀案例的文本进行分析，高频词如表 3-3 所示。这些高频词直接反映了在"智慧助老"行动中对提升老年人数字素养发挥关键作用的影响因素。下面挑选一些反映不同方面影响的关键词进行说明。

表 3-3　123 个优秀案例中的高频词

关键词	词频	关键词	词频	关键词	词频
学校	76	手机	86	智慧养老	25
社区	100	智能	99	志愿者	72
大学	80	数字化	60	老年生活	11
老年大学	55	鸿沟	75	健康	74
线上线下	59	微信	71	传统文化	8

老年大学：是除社区之外，助力智慧养老的重要平台。相比于社区，老年大学可以提供更专业的教学，打造更专业的学习平台，可以为老人们提供多种服务，如终身学习和知识更新、社交与精神激活、健康管理和养生指导等，以丰富老年人的生活，使其积极参与社会活动。老年大学和智慧养老相

辅相成，共同为老年人提供学习、社交、健康管理等方面的支持和服务，促进老年人的全面发展，提升其幸福感。老年大学通过学习和社交的平台来满足老年人的需求，而"智慧助老"通过数字化技术提供便利和个性化的服务，使老年人能够更好地享受智慧养老的益处。

手机：在 123 个以"智慧助老"为目的的优秀案例中，手机是老年人接触数字化技术、跨越数字鸿沟最方便的工具，也是开展线上助老活动最好的载体。关键词"手机"出现 86 次，另一个关键词"微信"出现 71 次。虽然手机在智慧养老中扮演着重要角色，但也需要注意合理使用。为了保护老年人的个人隐私和安全，应当加强对老年人正确使用手机的教育，提高老年人的科技素养，并防范网络诈骗和信息泄露等风险。

数字化：在众多优秀案例中，很多案例都提到数字化，智慧养老与数字化技术密不可分，数字化技术在智慧养老中发挥着重要作用。数字化技术为智慧养老提供了便捷、个性化和多样化的服务。通过数字化技术的应用，老年人在健康管理、医疗服务、社交互动和娱乐等方面可以享受到更好的服务，提高自己的生活质量和幸福感。

线上线下：线上和线下结合的方式可以为智慧养老提供多种助力，通过充分利用科技手段和互联网平台创造更便利、高效和个性化的养老服务体验，促进老年人的健康、幸福和社交互动。

健康：健康是智慧养老的基础和核心，两者密不可分。在 123 个优秀案例中，有 74 个提到健康。如浙江中医药大学提出"中医 + 人工智能"的新型 AD 前期快速预警新方法，实现了在社区环境下阿尔茨海默病前期预警和阿尔茨海默病诊断窗口前移。健康是智慧养老的重要基础，智慧养老通过应用科技手段和互联网平台，为老年人提供健康监测、远程医疗、健康促进和康复护理等服务，并提供更便捷、更个性化的健康管理和护理方案。通过智慧养老的支持，老年人可以更好地保持健康、延长寿命，并提高自己的生活质量。

传统文化：传统文化中的传统技艺传承与智慧养老之间存在密切的关系，它们相互促进和补充。传统技艺传承为智慧养老提供了丰富的资源和途径。通过参与传统技艺传承活动，老年人能够锻炼身心、继续学习、建立社交关系，并从中获得文化传承和智慧养生的知识，为养老生活增添了丰富的色彩和价值。

志愿者：在众多优秀案例中，志愿者起着不可替代的作用。志愿者可以有效促进智慧养老的发展，为老年人提供更加智能、便捷和个性化的养老服务。志愿者的参与和支持将为智慧助老平台的发展和老年人的福祉做出积极贡献。同时，智慧助老平台也为志愿者提供了更多机会和方式参与养老服务，拓宽了志愿服务的领域和影响范围。

总之，通过"智慧助老"行动的优秀案例可以发现，一是学校、社区、大学、老年大学等机构是实施该项行动的主体。二是主要以线上和线下相结合的形式开展活动。三是活动内容应多以智能手机的使用和数字化应用场景的学习活动为主。另外，通过社区和学校的多方合作和推动，智慧养老将得到更加全面、系统的发展。老年人在智慧社区和智慧学校的支持下，将享受到更好的养老服务、更丰富的社交与学习机会，提升生活质量和幸福感。四是志愿者服务团队是"智慧助老"行动重要的参与者，其中大学生志愿者服务团队、老科技工作者志愿团队、社区志愿服务团队以及"学有所成"老年学员是主要力量。

（三）全国各地"智慧助老"行动的实践

近年来，各地的"数字化""智慧化"建设越发得到重视，老年人作为数字弱势群体，如何让智能技术更好地为老年人服务？为此，国家发展和改革委员会在全国范围内广泛征集运用智能技术服务老年人的示范案例，下面结合实践案例，介绍各地为帮助老年人跨越"数字鸿沟"开展的多样化的"智慧助老"行动。

（1）上海市推出"数字伙伴计划"。其中，"随行伙伴"通过组织开展互联网应用适老化和信息无障碍改造专项行动，积极推进适老化智慧应用开发改造，设计、开发出大字版、语音版、简洁版、一键达等更加有温度、更加个性化的适老化智慧应用。针对不会使用手机且学习能力不足的老年群体，开展"智能伙伴"行动，为老年群体提供可触、可感、可及的适老化、个性化产品服务，例如：松江区"为老服务一键通"平台有电视端、电话端、自助终端，其中"一键预约挂号"功能与区卫健委对接，实现区级医院和社区服务中心预约挂号；"一键打车"功能与区交通委对接，实现预约车辆；"一键救援"功能让老年群体可通过电视机遥控器、电话，向现有的为老服务平台求助，实现紧急救援；"一键政策咨询"功能实现为老服务政策一键查询。针对不会使用手机但是能学、想学的老年群体，开展"互助伙伴"行动，通过做好数字化应用的宣传和培训，组织社区"信息助力员"服务队伍，为老年人在家门口提供信息化培训。

（2）江苏省的"小江家护"为高龄、空巢、独居老人提供安全保障服务。依托"小江家护"系统平台，采取"基础服务＋个人定制服务"相结合的方式，为居家老年人提供专业上门服务。通过系统平台建设区"互联网＋养老院"，使用智能设备，包括实施智能手环项目、安装联网式烟雾（燃气）报警器，以及安装智能红外探测器、实施刷脸助餐等举措为高龄、空巢、独居老人的安全保驾护航。

（3）山东省济南市开启"亲情 E 联 ＋"独居老年人智能服务与社会治理模式，有效解决了辖区内老年人的居家养老问题。"亲情 E 联 ＋"由历下区政府主导、历下区民政局主办，以智慧平台为支撑，社区为依托，整合公益组织和社会资源，向老年人提供 7×24 小时"居家安全监护""居家服务质量监管""健康档案管理""为老志愿服务"和"智能助餐系统模块"五大功能模块服务。

（4）天津市打造"银发"智能服务平台和智慧康养社区，利用智能技术为老年人提供服务。建设 AI"银发"智能服务平台和打造社区医养康养相结合的养老服务模式是立体化的综合养老服务体系中的重要组成部分。

（5）山西省实施"大同助老"行动，通过智能技术"398 贴心保"为老年人提供实时智联的"六助"——助救、助购、助餐、助医、助洁、助行。"398 贴心保"智能化终端设备和"398 智慧养老云平台"、24 小时呼叫中心以及社区助老服务站、助老服务员，为老年人搭建起线上、线下无缝对接的服务圈。

（6）湖南祁阳市为推进老年人科学素质提升行动，以提升数字素养和健康素养为重点，着力为老年人提供"智慧助老"服务和健康科普服务，提高老年人适应社会发展能力。依托市老年大学、社区（村）老年学校、居家养老服务中心等，开设智能手机使用等相关课程，普及智能技术知识和技能，帮助老年人跨越"数字鸿沟"，提升老年人获取信息、识别和应用智能技术的能力，增强老年人个人信息安全保护意识，有效预防和应对网络谣言、电信诈骗。依托医疗机构、医养结合机构创建老年友善医疗机构，设立为老服务志愿岗，引导老年人智能挂号预约及就医自助取片。

（7）重庆市巴南区图书馆着力打造老年人数字阅读品牌。利用图书馆开展老年人运用智能技术服务工作，挖掘文化资源，进行个性化课程设计，帮助老年人积极融入"智慧生活"。

这些案例表明，"智慧助老"行动在不同地区、不同领域都有着广阔的发展前景和重要的社会意义。随着技术的不断进步和社会的不断发展，相信"智慧助老"行动将会更加普及和完善，为更多的老年人提供更好的服务。

这些案例都充分体现了"智慧助老"行动的成果和价值，推动了老年人的数字化应用和智慧养老事业的发展。这些成功案例的共同点在于它们都充分利用了智能技术，为老年人提供了更加便利和更加高效的服务，如健康状态查询、安全保障、信息查询、便民生活服务等多个覆盖了老年人日常生活的方面。这些"智慧助老"行动通过各种方式帮助老年人，提高了老年人的生活质量，让他们能够更好地享受生活；让老年人更好地融入数字化社会，缩小了"数字鸿沟"；为老年人提供了更好的安全保障，让他们能够更加安心地生活。

每个案例的具体实施方式有所不同，例如江苏省的"小江家护"项目是通过系统平台为居家老年人提供专业上门服务，而上海市的"数字伙伴计划"则是通过组织培训和志愿者服务来帮助老年人掌握智能技术。每个案例所涉及的服务领域也有所不同，例如江苏省的"小江家护"项目主要为高龄、空巢、独居老人提供安全保障服务，重庆市则是利用图书馆资源促进普通老年群体的数字素养提升。不同案例的推广力度和覆盖范围也有所不同，有些项目只适合在局部地区推广，而有些项目则适合在全国范围内实施。

此外，如中国电信的"科技助老微课堂"，腾讯微信的"银龄学堂"互联网适老公益课，由江西省老龄工作委员会办公室、江西省地方金融监督管理局、江西省政务服务管理办公室、江西省信息中心（江西省大数据中心）等相关部门指导成立的"蓝马甲"公益讲师团等，都致力于提高老年人的科学素质和数字化应用能力，在推动"智慧助老"行动上发挥重要作用。这些项目的成功表明，"智慧助老"行动已经成为一种重要的社会服务形式，它正在改变老年人的生活方式，正在帮助越来越多的老年人更好地享受生活，缩小"数字鸿沟"，为老年人提供安全保障。随着智能技术的不断发展，相信"智慧助老"行动将会在未来发挥更加重要的作用。

（四）分类及特点

结合对教育部组织开展的"智慧助老"行动的优秀案例，以及国家发展和改革委员会在全国范围内广泛征集的运用智能技术服务老年人的示范案例的分析，总结出的"智慧助老"行动的类型和特点如下。

从服务类型层面，可以将"智慧助老"行动划分成以下几类。

健康管理类：通过智能设备监测老年人的健康状况，如血压、血糖、心率等指标。同时，为老年人提供健康咨询和定期体检服务，帮助他们更好地管理自己的健康。

安全保障类：利用智能技术为老年人提供安全保障服务，如智能家居、智能监控、一键呼叫等设备和服务。同时，定期进行安全巡检并提供紧急救援服务，确保老年人的安全。

生活服务类：提供订餐、购物、家政等便捷的生活服务。通过智能服务平台为老年人提供在线预约、线上支付等服务，让老年人的生活更加便利和舒适。

培训和教育类：定期开展智能技术培训课程和文化活动，帮助老年人更好地掌握智能设备和数字化应用技术。同时，通过举办讲座、展览等活动提高老年人的数字素养和文化素养。

社交互动类：利用智能平台为老年人提供在线聊天室、兴趣小组等社交互动服务。这有助于提高老年人的社交能力和生活质量，让他们更好地融入社会。

从这些类型的"智慧助老"行动中，可以总结出以下几个特点。

应用智能技术：智能技术的应用是"智慧助老"行动成功的关键。使用智能技术，可以在为老年人提供如健康管理、安全保障、生活服务等服务时提高服务效率和质量，为老年人带来更好的生活体验。

有社区和机构的参与：社区和机构的参与是推广"智慧助老"行动的重

要方式。社区与机构合作可以更好地了解老年人的需求和问题，提供有针对性的服务，并提高老年人的社会活动参与度和生活满意度。

培训和教育必不可少：培训和教育是"智慧助老"行动中不可忽视的一环。通过培训和教育，老年人可以更好地掌握智能技术，提高数字化应用能力，这有助于缩小"数字鸿沟"，提高老年人的生活质量和社会参与度。

二、针对老年健康教育服务的相关实践

为了解各地在老年健康服务的相关举措，本研究对一些省、直辖市、自治区的健康服务工作进行梳理，以期发现有特色的案例。

辽宁省通过建立多病共治的老年医疗服务模式，加强社区和居家医疗服务（如通过家庭病床、上门巡诊、家庭医生签约等方式为老年人提供个性化、多层次的居家医疗服务）、老年友善医疗服务（如为老年人提供挂号、就医等服务的"绿色通道"，门诊导诊、住院陪同等志愿服务）、实施健康促进项目（老年健康宣传周）、多样化医养结合服务模式（全省医疗机构与养老机构开展签约服务）、老年友好型社会环境优化（创建老年友好型社区、开展"敬老月"系列活动、老龄先进评选推荐等），推进老年健康支撑体系建设。

浙江省坚持"以健康为中心"，推进老年疾病预防关口前移，制定并实施针对老年人视力功能、口腔健康、营养状况、认知功能、心理健康等早期筛查与干预措施，建立老年人健康评估与功能维护机制，开发并应用数字健康服务技术，提升老年人健康管理水平，促进健康老龄化，开展老年人"光明""口福""营养改善""失智老人关爱"和健康服务"智慧助老"五大行动。

北京市以"树立积极老龄观、推进健康老龄化"为目标，积极构建包括健康教育、预防保健、疾病诊治、康复护理、长期照护和安宁疗护为主要内容的老年健康服务体系。具体举措有 3 项。一是通过为全市 60 周岁及以上

的老年人建立健康档案、为 65 周岁及以上老年人建立健康管理及签约家庭医生、为符合老年优待政策的老年人免费体检，以及为有失能风险的老年人提供危险因素干预及健康服务等措施，提前预防、干预健康风险，维持好老年人的健康状态。二是在全市综合医院、二级（含）以上中医（中西医结合）医院、康复医院、护理院、社区卫生服务中心等医疗机构开展了老年友善医疗机构建设，从友善文化、友善服务、友善环境、友善管理 4 个方面持续改善老年人就医服务。三是持续推进老年健康服务设施建设，推进康复机构、老年护理中心、安宁疗护中心建设。

上海市健康服务的工作思路是要在"家门口"构建一个便捷、连续、综合的整合型的健康服务体系，除了发布一系列的规划和实施方案以外，还要兼顾国际老年友好城市的建设。整合型健康服务体系涵盖老年健康教育、预防保健、疾病诊治、康复护理、长期照护、安宁疗护等。通过以上海市老年医学中心为引领，以老年医学专科、区域老年医疗中心为支撑，以护理院、护理站、养老机构设置医疗机构为托底，构建"3—2—1"三级老年医疗护理机构布局。通过制定并实施了新一轮社区卫生服务机构功能建设指导标准，以家庭医生制度为核心，建设智慧健康驿站、互联网医疗等措施，提升服务能力。

广东省全面构建"预防、治疗、照护"三位一体的老年健康支撑体系。具体举措有 3 个方面。一是通过建设健康教育阵地、中医"治未病"阵地、预防干预阵地，加强老年预防保健工作。二是实施三个结合，提升老年医疗服务水平：与医改任务相结合，强化老年医疗服务；与老年友善医疗机构创建活动相结合，提升就医服务体验；将医保政策和老年健康服务相结合，提升医疗保障能力。三是通过充实三类服务，满足老年健康照护需求，三类服务为大力推进医养结合、扎实推进安宁疗护试点、持续加强老年护理。

四川省建立完善老年健康服务体系有以下几个方面的重点任务：构建省、市、县、乡四级老年健康服务网络，提升县、乡、村三级老年健康服务能力；

推进机构建设，推进老年友善医疗卫生机构创建活动；加强预防保健，健全老年健康三级预防体系，强化 65 周岁及以上老年人健康管理。《四川省银龄健康工程 2022 年工作方案》中提到 5 项重点任务。一是加强老年预防保健，做实老年人健康管理，扩大家庭医生签约服务供给，健全签约服务收费政策。二是便利老年人看病就医，增加老年医疗服务供给，引导一批医疗资源丰富地区的二级及以下医院转型为老年医院，推进老年医学临床专科建设。三是大力发展老年康复护理服务，加强二级以上综合医院康复医学科建设，推广应用中医药康复适宜技术，提升康复能力。四是加快推进医养结合示范省建设，合理布局医养服务网络，支持一批医养服务中心建设。五是提高安宁疗护服务能力，推动医疗机构建设安宁疗护中心。

山东省将持续推广"三种模式"。一是推进延续性护理服务模式。推动线上咨询和预约上门服务，为老年出院患者提供在线护理咨询、护理随访、居家护理指导等延续性护理服务，解决老年患者出院后的常规护理、专科护理及专病护理问题。二是全面推进居家护理服务模式。进一步发挥基层医疗卫生机构的作用，通过家庭医生签约服务等多种方式，为老年患者特别是失能老年患者提供疾病预防、医疗护理、慢性病管理、康复护理、安宁疗护等一体化服务，将服务延伸至社区、家庭。三是推进老年人全程医疗护理服务模式。下一步，山东省将重点从以下 3 个方面深入推进"互联网＋护理服务"。一是探索分层分类的服务。二是探索服务质量云监管。三是探索推广医保支付。

河南省通过实施全民参保计划、发展老年人意外伤害保险、探索建立长期护理保险制度等措施以加快完善养老保险制度体系。通过加强老年健康教育和预防保健，开展老年健康宣传周等活动，实施老年健康促进行动，提高失能、重病、高龄、低收入等老年人家庭医生签约服务覆盖率等措施以建立完善老年健康支撑体系。

甘肃嘉峪关市建设社区卫生服务中心实施了"六位一体"健康管理，促进老年人的健康发展。通过优化基础设施、提供人性化的服务设施和营造温馨舒适的环境，为老年人提供全方位的服务。

上海市实施的"拾忆关怀"项目，针对阿尔茨海默病的早期发现和治疗，做了大量工作。该项目通过医防养融合的方式，守护老年群体的生命健康尊严。

江苏省启东市人民医院联合多家医院在乡镇试点开展老年人前列腺癌早筛工作，为数据异常的市民开通了免费检查绿色通道。通过提高对前列腺癌的关注度和筛查力度，成功治疗了多名患者。

内蒙古科技馆的"科普大篷车进社区"活动多次带着科技展品、科普剧、科学秀等深入社区开展科普进社区活动，面向老年群体提供服务，在科普活动的内容设计中，重点围绕健康养生、智能手机应用、智慧社区科普、科学辟谣、心理健康、亲子关系等内容开展，深受社区居民特别是老年群体的欢迎。

此外，我们还了解到以下健康教育活动的案例。

天津市和平区开展的"健康和平"项目为老年人提供健康讲座、健身活动和营养饮食指导等服务，旨在提高老年人的健康认知水平和改善生活质量。

上海市浦东新区开展的"智慧养老"项目通过智能技术为老年人提供健康监测、紧急救援和生活服务，同时组织健康讲座和培训课程，提高老年人的健康认知水平。

由国家卫生健康委员会、国家体育总局等部委组织发起的"健康快车"项目通过组织健康讲座、健身活动和营养饮食指导等服务，旨在提高老年人的健康认知水平和改善生活质量。该项目在社区和养老机构中广泛开展后受到老年人的欢迎和好评。"健康大课堂"项目针对老年人常见的慢性疾病，如高血压、糖尿病等，开展专题讲座和培训课程。通过专业医生的讲解和指导，帮助老年人了解疾病的防治知识，提高自我管理和控制能力等。

可以看出，我国从政府到相关为老服务的部门，以及基层社区都在通过不同形式的活动或技术手段推动"智慧助老"、健康老龄化行动。此外，还需要进一步加强以下几个方面的工作。

加强宣传和推广：通过各种渠道加强宣传和推广，提高老年人参与活动的积极性。同时，也可以通过宣传活动吸引更多的社区和机构参与进来。

拓展服务领域和覆盖范围：在现有成功案例的基础上，进一步拓展服务领域和覆盖范围。例如，可以开展更多关于健康管理、安全保障、生活服务等方面的项目，让更多的老年人受益。

加强合作和交流：加强与其他地区、机构和组织的合作和交流，分享成功经验和做法，共同推动"智慧助老"、健康老龄化行动。同时，也可以通过合作和交流寻求更多的资源和支持。

加强服务管理和机制建设："智慧助老"、健康老龄化行动是长期工程，需要合理规划该行动的有效措施、运行机制、软硬件资源建设、领导及经费的保障支持，保障其可持续性，推动老龄事业高质量发展。

第四节　网络媒体在推动老年人科学素质提升中的角色

一、老年健康教育网络资源情况调研

基于老年健康教育资源的权威性和科学性，本研究选取了国家官方平台"中国健康教育中心"、网络中较大的医学科普平台"丁香医生"以及影响力显著的"猫大夫医学科普"公众号中"老年健康"相关的科普文章进行

分析，梳理总结老年健康教育网络资源情况。

（一）中国健康教育中心相关科普资源

中国健康教育中心（以下简称"中心"）是国家卫生健康委的直属事业单位，负责全国健康教育与卫生健康新闻宣传工作的技术指导，开展相关理论与实践的研究，承担全国健康教育与卫生健康新闻宣传大型活动的组织实施及信息管理、媒体联系、业务培训等有关技术和服务性工作。中心致力于推广科学、权威、实用的健康教育理念，推动健康教育在全社会的普及和深入开展。建立了资源网"中国健康教育网"，并开展了一系列具有影响力的健康教育活动，如国家健康教育周、世界健康日等，目的是宣传健康知识，普及健康技能，提高公众的健康意识和行为习惯。

《"健康中国 2030"规划纲要》中提到以下几个与健康有关的方面：（1）健康生活；（2）健康服务；（3）健康保障；（4）健康环境；（5）健康产业；（6）信息化服务。其中：（1）健康生活包括加强健康教育、塑造自主自律健康行为、提高全民身体素质；（2）健康服务包括医疗、医药等公共服务；（3）健康保障包括医疗体系监管、法治建设；（4）健康环境包括生活环境、食品等公共安全体系；（5）健康产业包括药物开发、运动产业、健康科技等；（6）信息化服务包括电子档案、医疗大数据应用等。结合健康教育知一信一行理论，健康素养可划分为三个方面：（1）基本知识和理念；（2）健康生活方式与行为；（3）基本技能。其中：（1）基本知识和理念包括科学的健康观（包括生理和心理）、对疾病的认知、对环境中危险因素的辨别等；（2）健康生活方式与行为包括饮食习惯、运动方式、用药方式等各种与生活方式和行为相关的健康信息；（3）基本技能包括可以正确辨别药品、保健品、危险品信息的技能，以及简单的急救技能等。下面结合健康的相关分类及健康素养的主要内容，对相关科普资源进行梳理分析。

以"老年健康"为关键词的文章有 41 篇，其中和老年健康相关度较高的有 31 篇，多以健康教育、健康服务和健康保障内容为主，其中有 3 个"关注老年健康"主题的检索结果——"正确面对变老""正确认识阿尔茨海默病""让养老变'享老'"以视频形式宣传健康知识和理念。截至本项目组检索当天，上述 31 篇文章的平均阅读量是 361.8 次，其中《国家卫生健康委关于印发"十四五"卫生健康标准化工作规划的通知》被查看 1447 次，《中共中央 国务院关于加强新时代老龄工作的意见》被查看 1038 次，《中国健康教育中心专家组至常州市武进区调研》被查看 945 次，《中华人民共和国基本医疗卫生与健康促进法》被查看 805 次，《健康老龄化 需多维度推进》《苏州市姑苏区不断优化公共服务 提升服务精准化水平》《健康扶贫工作应实现"五个提高"》几篇文章都有 400 次以上的阅读量，多数文章与政策相关。

以"养老"为关键词的文章有 88 篇，其中和老年健康相关度高的有 33 篇，其中 7 篇是有关健康教育活动的，10 篇是有关健康服务的医疗活动的，21 篇是健康保障的政策法规，7 篇是关于构建健康环境的政策法规，2 篇提到健康产业，4 篇是构建信息化服务的案例。

可见，"中国健康教育中心"网站对健康的宣传主要集中在对健康案例的宣传和对政策的普及推广上，多为工作层面的宣传，而面向老年群体的健康科普资源相对匮乏，没有形成较大的影响力。

从"中国健康教育"公众号的发布内容来看，公众号从健康科普、教育、保障、环境、服务等方面，对老年人进行健康科普教育。截至本项目组统计时，公众号的关于老年人健康的文章阅读量最多的为 4.8 万次以上，较多的文章阅读量仅为几千。对相关内容梳理发现，内容主要聚焦在健康提示、健康服务、健康教育、健康宣传周活动宣传等方面。老年人健康提示包含新年健康提示、中老年的不良生活方式的改进、预防老年失能等信息。健康教育主要对老年人进行身体疾病认识和预防、健康的生活方式等方面的科普。健康服务主要为老年人对养老理念、老年友好社区建设、适老化改造、助老服务等方面进行普及。全国老年健康宣传周活动主要聚焦于健康活动的推广宣传、健康日的宣传以及健康培训的推广。

可见，"中国健康教育"公众号发布的健康科普内容是多层面的，既关注公众健康科普需求，又宣传和落实了积极老龄化社会建设方面的政策及理念。

（二）丁香医生——医学科普新媒体

丁香医生是中国领先的互联网医疗平台之一，创立之初意在解决医患信息不对等的问题，为用户提供全面的健康科普知识。作为专业的医疗服务提供者，丁香医生通过其线上平台，为用户提供医学科普资讯、健康知识以及疾病预防和治疗等方面的信息。

在丁香医生网站的"大众健康"板块中有专门的老年人健康栏目，主要对在老年人中较为常见的疾病，如高血压、糖尿病、心脏病、哮喘、骨关节病等进行知识普及。在丁香医生网站中与"养老"有关的科普文章有8篇，内容围绕养老环境，如养老院、看病、老年社区、独居、养宠物和乡村医生。有关"老年健康"的科普文章共162篇，其中和老年健康相关度高的有122篇。按照内容分类，涉及科普与信息素养的基本知识和理念的为38篇，涉及科普健康生活和行为的为66篇，教授基本技能的为23篇；涉及对老年健康理解的为2篇，和视力听力相关的为3篇，与保健品相关的为4篇，与饮食相关的为32篇，与运动相关的为11篇，与体检相关的为15篇，与就医相关的为1篇。

在与基本知识和理念相关的文章中，主要介绍了阿尔茨海默病、皮肤病、牙齿疾病、脑卒中、高血压、高血脂、骨质疏松、关节炎和抑郁症等各种疾病，并科普了人进入老年阶段后的身体变化（如视力听力下降、长出老年斑）；还普及了关于寿命和健康的观念。这类文章，让老年人能对疾病有认知，并有针对性地适应老年身体的变化。

在与健康生活方式和行为相关的文章中，介绍了健康的饮食、通过饮食来调理身体的多种正确方式和合理健康的运动（如广场舞）。还介绍了如何维护口腔健康、脑卒中康复建议、保健品选择、适应季节变换、老年社交关系、选择手杖、老年社区、选择宠物陪伴、适当用电子游戏和麻将来锻炼老年人的思维等。通过这些文章，老年人可以依据自身情况来选择更加合理的膳食方式来维持体重、降"三高"、改善便秘、补钙等，了解适合老年人的运动方式以及各类健康的生活娱乐方式也有助于老年人维持自己的生理和心理健康。

与基本技能相关的文章主要介绍了如何正确选药吃药、如何选择适合老年人自身情况的体检项目、简单的自检方式（如单腿站立）等，以及简单的急救知识等。

观察丁香医生各平台互动情况发现，用户以年轻人为主，如丁香医生平台的"患者"中，是以 26~35 岁、文化水平较高、收入稳定、有孩子的中青年女性居多，她们是平台的核心用户，也是承担照顾老人责任的主要角色。所以丁香医生平台的文章内容大多围绕选择家庭养老的老人，目的是通过向年轻人传播老年健康的知识，让年轻人更加了解老年人的健康生活方式以及各类老年疾病，可以更好地理解、照顾老年人，还可以协助老年人提升健康素养。

丁香医生网站在老年健康方面提供的科普资源多是对健康方式和身体健康相关疾病的科普，与健康技能、健康理念方面相关的资源较为缺乏，与老年人的自救技能、辨别危险品信息等方面相关的科普资源也相对匮乏。从用户角度来看，提高老年人数字素养，能够提高老年人通过权威的平台来获取一手的健康知识的意识和积极性，也能提高更多的老年群体通过专业、权威资源平台学习的主动性，还有助于提高老年人健康素养，让选择家庭养老、独居、养老院养老等不同养老方式的老年人都能享有更优质的健康老年生活。

"丁香医生"公众号上的内容则更多关注老年人的日常健康，科普主题多为老年人最容易出现的问题，如意外跌倒问题，体质弱问题，得新冠后如何做，衰老带来的一系列疾病如失明、关节炎、平衡力不良、视力变差、消化不良、骨折等，以及机能丧失、走失等多类健康问题。公众号上也有关于老年人的健康生活和行为习惯，以及子女需要注意的事项的科普内容。关于老年人的科普文章阅读量均过万，其中阅读量为"10w+"的有 31 篇，诸如《为什么老人身体好好的，摔一跤没多久就走了》《为什么很多老年人都熬不过冬天》《跌倒是老人因伤致死的首因》《老人得了新冠怎么办》《85% 的老人在卫生间遭遇过危险》《1.2 亿老人困于听不见的孤独世界》《老人不能太瘦》《给一年没洗澡的老人们洗澡》《冬天是老人的危险季节》等。

根据清博指数对"丁香医生"公众号的数据统计来看，以 2024 年 3 月 5 日为例，丁香医生的当天所有文章总阅读量为"49w+"，当天头条文章的总阅读量为"20w+"，在微信总榜上排名 35，当天所有文章总点赞数为 1548，微信传播指数 WCI[23] 为 1682.05。"丁香医生"微信公众号近七天账号数据的总阅读量趋势如图 3-11 所示，从图上可以看出七日内的文章阅读量均较高，阅读量均值在"30w+"，阅读量最高的文章是 3 月 5 日发布的，阅读量为"49w+"。

23　微信传播指数 WCI：WCI（Weixin Communication Index）通过微信的活跃度和传播力来反映账号的传播能力和传播效果。

总阅读量　头条阅读量　平均阅读量　在看数　点赞数

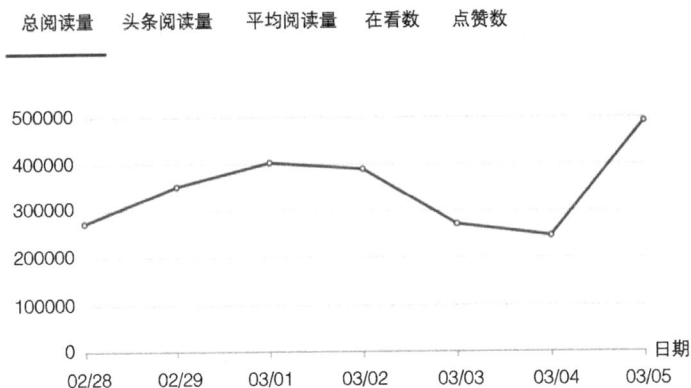

图 3-11 "丁香医生"公众号近七天总阅读量

"丁香医生"微信公众号近七天的头条文章阅读量趋势如图 3-12 所示，从图上可以看出七日内的头条阅读量均较高，阅读量均值在"15w+"，阅读量为"20w+"的文章是在 2 月 29 日、3 月 1 日、3 月 2 日、3 月 5 日发布的，其余三天的头条阅读量为"10w+"。

总阅读量　头条阅读量　平均阅读量　在看数　点赞数

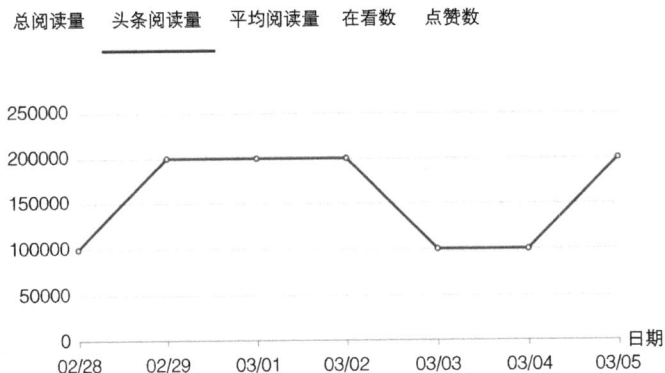

图 3-12 "丁香医生"公众号近七天头条阅读量

"丁香医生"微信公众号近七天账号数据的平均阅读量趋势如图 3-13 所示，从图上可以看出七日内的平均阅读量波动较小，平均阅读量均值在"5w+"，仅 3 月 1 日发布的文章平均阅读量高达"6.7w+"。

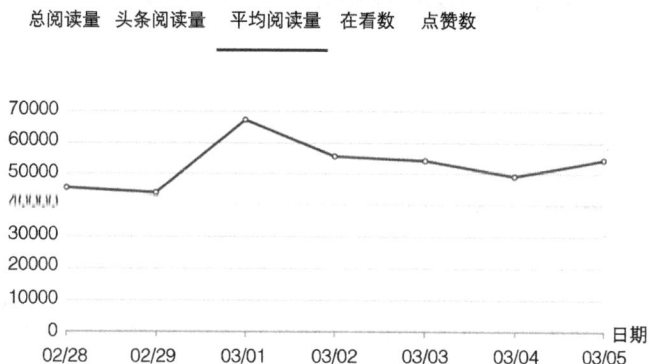

图 3-13 "丁香医生"公众号近七天平均阅读量

"丁香医生"微信公众号近七天账号数据的在看数趋势如图 3-14 所示，从图上可以看出七日内的在看数波动较大，最高时为 2 月 29 日的 1204，最低时为 3 月 3 日的 321。

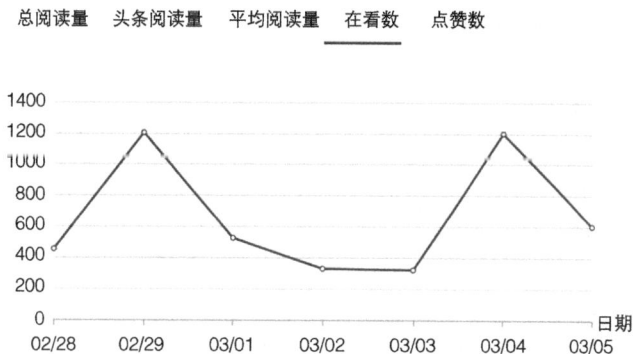

图 3-14 "丁香医生"公众号近七天在看数

"丁香医生"微信公众号近七天账号数据的点赞数趋势如图 3-15 所示，从图上可以看出七日内的点赞数波动较大，最高时为 3 月 4 日的 3832，最低时为 3 月 2 日的 1091。

总阅读量　头条阅读量　平均阅读量　在看数　**点赞数**

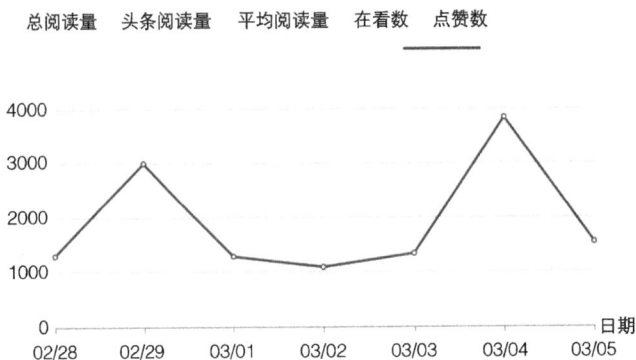

图 3-15 "丁香医生"公众号近七天点赞数

　　"丁香医生"微信公众号近七天账号数据的微信总榜排名情况如图 3-16 所示，从图上可以看出公众号在七日内的排名情况，最高排名为 3 月 5 日的第 35 名。

总排名　分类排名　WCI

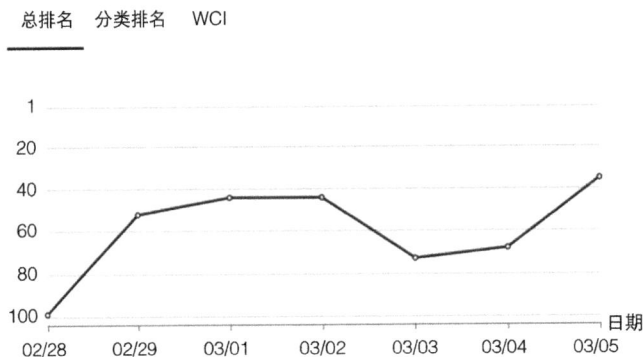

图 3-16 "丁香医生"公众号近七天在微信总榜的排名

　　"丁香医生"微信公众号近七天账号数据的微信分类榜排名趋势如图 3-17 所示，公众号在医疗健康领域的排名于七日内呈现高位稳定趋势，波动较小，最高时为分类榜单的第一名，最低时为第二名，可见"丁香医生"公众号在此类领域的被关注度较高。

总排名　　分类排名　　WCI

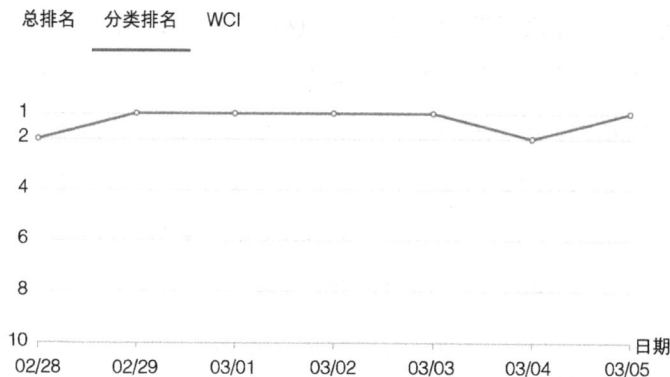

图 3-17 "丁香医生"公众号近七天在微信分类榜的排名

"丁香医生"微信公众号近七天账号数据的微信传播指数 WCI 趋势如图 3-18 所示，公众号的 WCI 在七日内的波动不大，最高时为 3 月 5 日的 1682.05，最低时为 3 月 3 日的 1568.35，表明该公众号的微信传播效果发展平稳。

总排名　　分类排名　　WCI

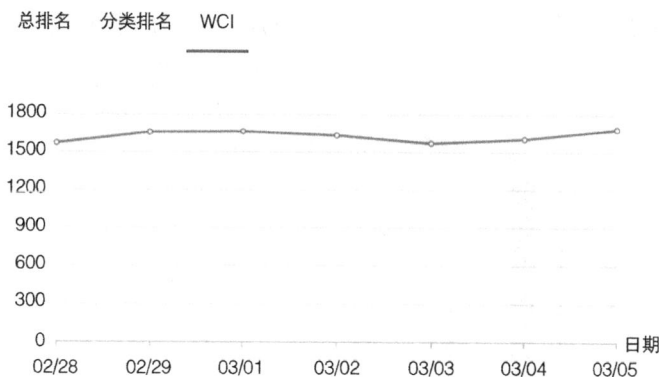

图 3-18 "丁香医生"公众号近七天微信传播指数 WCI

综上可见，"丁香医生"微信公众号在同领域处于高水平且传播平稳发展的状态，具有较高的影响力。

接下来又对该公众号的用户所在地进行统计。算法说明：根据搜索过"丁香医生"的百度用户的数据，采用数据挖掘方法，对进行关键词检索的人群进行属性聚类分析，分别统计用户所属的省份、城市并排名。如图 3-19 所示，对该公众号关注人数较多的前十个省、直辖市、自治区依次为：广东、北京、浙江、江苏、上海、山东、四川、河南、湖北、河北。其中广东的关注度领先其他省、直辖市、自治区的关注度。

以最高省份为 100 作为基数计算

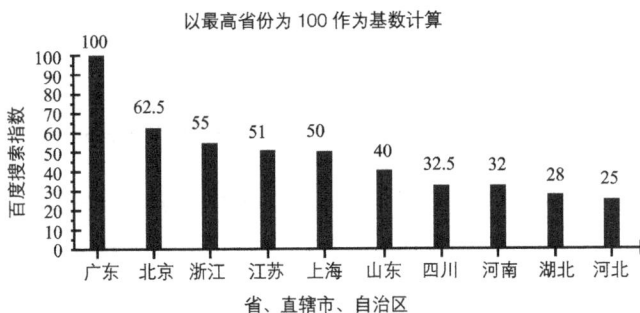

图 3-19　2013 年 7 月 1 日—2024 年 3 月 5 日全国各地对"丁香医生"公众号的关注度

如图 3-20 所示，关注"丁香医生"公众号的用户所处地区按关注度从高到低排列为：华东、华南、华北、华中、西南、东北、西北。

以最高区域为 100 作为基数计算

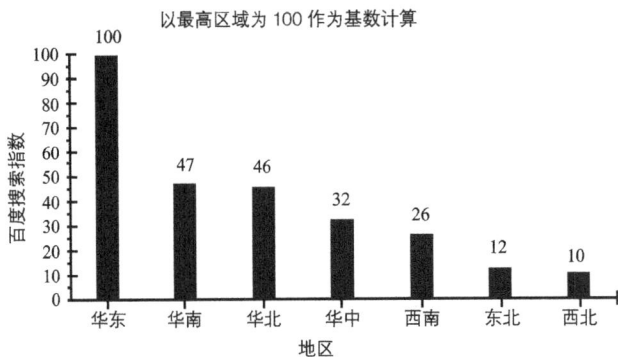

图 3-20　2013 年 7 月 1 日—2024 年 3 月 5 日全国各地区对"丁香医生"公众号的关注度

如图 3-21 所示，将关注"丁香医生"公众号的用户所处城市按关注度从高到低排列后发现，排名前十的城市依次为：北京、上海、杭州、广州、深圳、成都、武汉、南京、重庆、苏州。其中北京的关注度最高。

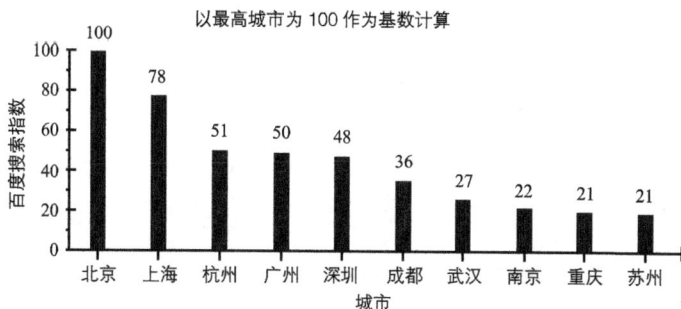

以最高城市为 100 作为基数计算

图 3-21　2013 年 7 月 1 日—2024 年 3 月 5 日"丁香医生"公众号的城市关注度

在百度指数工具中查看"人群画像"可知关注该关键词的用户的性别、年龄分布。算法说明：根据百度用户搜索数据，采用数据挖掘方法，对关注该关键词的人群属性进行聚类分析，给出用户所属的年龄及性别的分布及排名。TGI（Target Group Index）指数，是反映目标群体在特定研究范围（如地理区域、人口统计领域、媒体受众、产品消费者）内的强势或弱势的指数。

关注"丁香医生"公众号的人群的年龄分布如图 3-22 所示，其中 30~39 岁的人群对"丁香医生"公众号的关注度最高，占比约为 37.55%，TGI 指数为 111.8；20~29 岁人群关注度次之，占比约为 35.72%，TGI 指数为 151.12；关注度最低的为 19 岁以下的人群，TGI 指数为 72.75，占比约为 6.08%；关注"丁香医生"公众号的 50 岁以上的人群占比约 6.74%，TGI 指数为 48.96。由此可见，年轻人擅长使用网络，同时对健康的关注度也较高。

■丁香医生 ■全网分布 ○ TGI

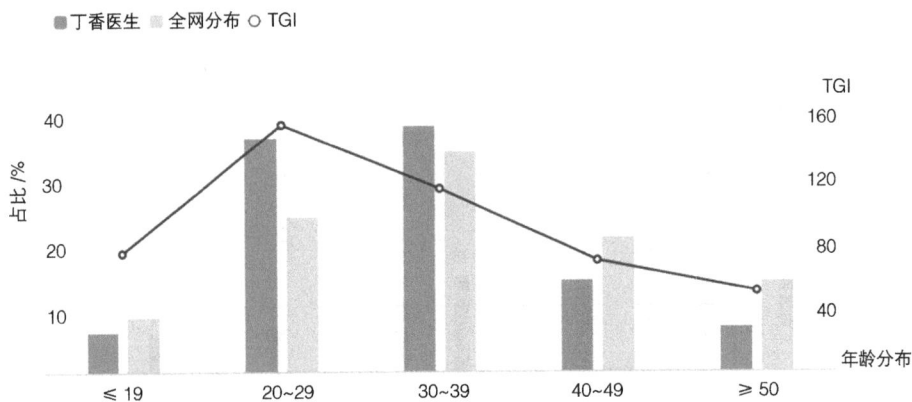

图 3-22 "丁香医生"用户年龄分布

关注"丁香医生"人群的性别分布如图 3-23 所示，男性对"丁香医生"的关注度更高，占比约 50.54%，TGI 指数为 98.35；女性关注度较低，占比约为 49.46%，TGI 指数为 101.75。

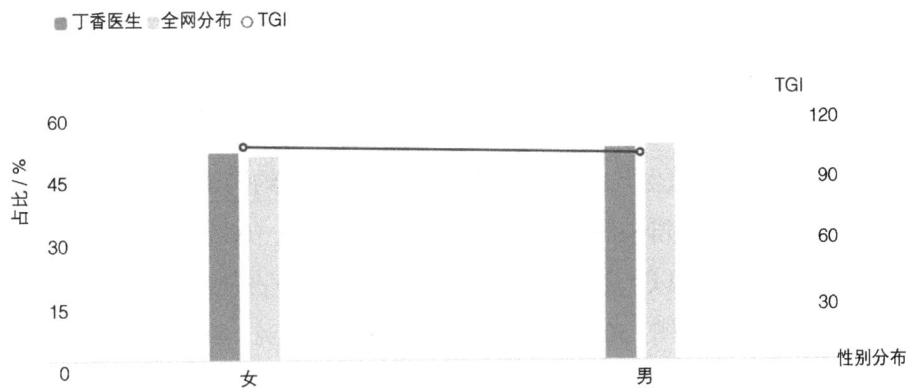

■丁香医生 ■全网分布 ○ TGI

图 3-23 "丁香医生"用户性别分布

综上所述，对"丁香医生"用户的所在地区、城市、性别等进行用户画像后，可见用户对"丁香医生"关注度与区域的经济发展和自身科学素质水平密切相关。从年龄层分布来看，20~39 岁人群占比约为 73.27%，50 岁以上人群占比约为 6.74%，可见关注群体集中在年轻人群。

（三）"猫大夫医学科普"公众号

以北京天坛医院神经介入中心主任缪中荣主任雅号命名的公众号——"猫大夫医学科普"于 2017 年正式创建。公众号用生动风趣的语言，图文结合的形式，对复杂晦涩的医学知识进行科普，让医学变得更简单、易懂。

对"猫大夫医学科普"公众号的发文情况进行统计发现，自 2017 年 11 月 15 日至 2024 年 4 月 1 日共发文 2428 篇，其中阅读量"10w+"的文章有 43 篇，阅读量"5w+"的文章有 186 篇，阅读量"1w+"的有 1827 篇。整体来看，文章平均阅读量 22290 次，章均点赞 92 次，章均评论 15 次。可见一线医生创作的科普内容在保证权威性的同时兼顾趣味性会得到公众的广泛认可。

据不完全统计，公众号上有 222 篇文章涉及如心脑血管疾病、呼吸系统疾病、高血糖 / 糖尿病、肿瘤、骨质疏松、认知障碍、眼疾、骨关节疾病等老年相关的疾病，具体如图 3-24 所示。

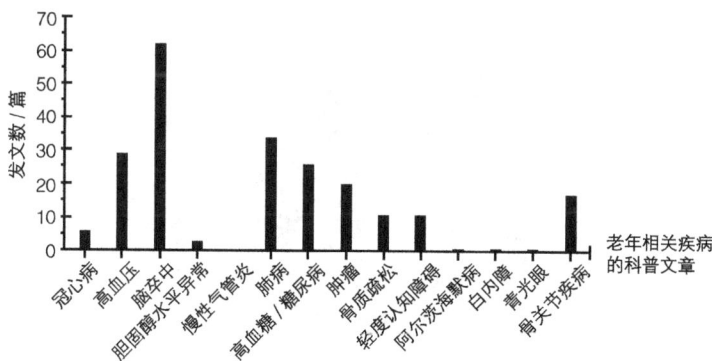

图 3-24　"猫大夫医学科普"公众号关于老年相关疾病的科普文章情况

如图 3-25 所示，与"老年"相关的文章数量整体呈增长趋势，文章内容集中于脑卒中、脑梗死、阿尔茨海默病、高血压、帕金森病等疾病，还有科普饮食、运动等健康生活习惯。在公众号的"关爱老年健康"模块中，共有 76 篇文章（截至 2024 年 4 月 1 日），其中有 1 篇"10w+"阅读量的文章：《"断崖式"衰老真的存在吗？这三个年龄段要注意"保鲜"》，有 10 篇"5w+"阅读量的文章，分别与记忆力、跌倒、运动、饮食习惯、体重、骨质疏松、保健长寿等主题相关。"老年"相关科普文章的高频词图如图 3-26 所示，可见该公众号主要关注老年人的身体健康、运动健康以及饮食健康。

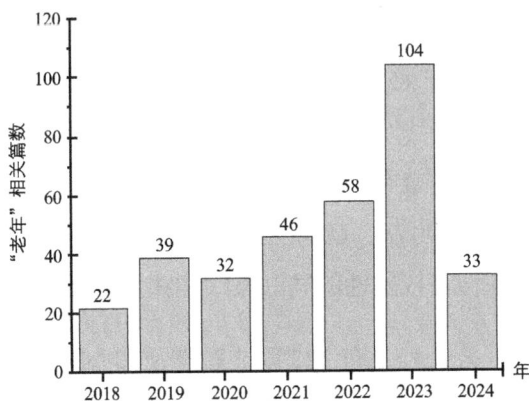

图 3-25　"猫大夫医学科普"公众号关于"老年"的科普文章数量

图 3-26　"猫大夫医学科普"公众号关于老年科普文章的高频词图

总之，从中国健康教育中心、"丁香医生"和"猫大夫医学科普"的资源分析来看，政府、企业以及医生个体均对老年健康问题有不同层面的关注，供给的资源特点与媒体定位相关，其中，微信公众号有更高的关注度，但各媒体平台针对老年健康的内容和板块设置与针对普通大众的设置一致，没有结合老年人的学习特点和用网习惯进行设计，不利于吸引到更多的老年群体；此外，各媒体平台对老年人健康的关注重点在其身体健康和生活方面，文章内容多与饮食和运动的知识和生活方式有关，缺乏心理健康，如积极乐观的生活态度、积极老龄化正确认知、良好的人际关系和社会参与等方面的知识，也缺乏对相关健康技能的培训和普及。

二、对全国老年教育公共服务平台课程资源的调研

国家老年大学已初步建成全国老年教育公共服务平台，汇聚约 40.7 万门（个）、总计 397.3 万分钟的老年教育课程资源库，现对该平台的资源情况进行分类分析。

（一）平台主题类内容统计分析

全国老年教育公共服务平台主要从"德、学、康、乐、为"这 5 个方面展开课程，主要有视频课程以及读书专区。下面针对视频课程进行分析。

1. "德"类课程分类，主要包括公民素养、时代前沿、时事思政、隔代教育 4 个方面。

公民素养方面的学习内容包括：家庭安全小常识、气候变化和地球生态、古建筑的艺术魅力、银发守护安全课等。时代前沿方面的内容包括：人类能源枯竭问题、病毒的发现过程、超级装备等。时事思政方面的内容包括：秒懂中国经济那点事、综合授权改革等。隔代教育方面的内容包括：家庭教育、婴幼儿动作训练等。

2. "学"类课程分类，主要包括哲学、文学、数字素养、摄影、表演、社会科学、自然科学、农学、语言、数学（等）学历教育服务、论文写作、医学等。

哲学类内容有法学的故事、生活心理学、哲学的天空、哲学与人生等；文学类内容包括古代诗歌散文专题、汉语音韵之美、英语影视作品欣赏、中国古代文论选讲等；数字素养类内容包括手把手教你如何使用智能手机、智能手机的基础应用、一地一品、数字文化赏析等；摄影类内容包括大众学摄影、智能手机摄影等；表演类内容有莎士比亚戏剧、音乐童话剧、教唱京剧名段等；社会科学类内容包括人类成长和社会环境、全面建成小康社会、社会学与生活等；自然科学类内容包括海洋地质探秘、地理环境资源、国际爱鸟日等；农学类内容包括果树育苗、果树园艺工基础、城市昆虫识别与防治；语言类内容包括趣味英语、英语句子的秘密等；数学（等）学历教育服务类内容包括中国文学的历程、中国文化、经典古诗学习等；论文写作类内容包括文化概论、走进当代文学等；医学类内容包括中医养生保健百科、血压的测量、气胸的家庭急救、老年人合理用药等。

3. "康"类课程分类，主要包括家庭照护、中医保健、用药安全、食品营养、心理健康、运动健康、慢病管理、口腔健康、生命教育、老年痴呆防治等。

家庭照护类内容包括乐享健康、身边的急救课、健康与疾病、养老护理、老年人康复护理等；中医保健类内容包括健康养生十步走、察言观色知健康、春分养生、中医药学的真谛、中国老年人群常见疾病、中医养生课程、冬季防止脑血管意外小妙招、中国健康好乡村24节气健康养生大讲堂、肝气郁结和肝炎有什么关系等；用药安全类内容包括对各种老年人常用药物如阿司匹林、阿仑膦酸钠片、安眠药、胰岛素、抗凝药（华法林）、川贝止咳糖浆、维生素等的使用说明和注意事项；食品营养类内容包括应季蔬果巧护心、中华美食、五谷养胃法、咖啡生活等；心理健康类内容包括如何成为情绪的主人、让自己快乐起来、金秋对话老年人心理、情绪管理的智慧和策略、鼓励和表扬、你的情绪还健康吗、幸福婚姻家庭教育；运动健康类内容包括中国传统保健锻炼方法、理疗瑜伽、武当太和拳、健身气功八段锦、中华通络操等；慢病管理类内容包括远离心脏疾病、眼部疾病科学治疗方式、肿瘤防治、白内障科普讲解、老花眼科普讲解等；口腔健康类内容包括牙齿缺失怎么修复、种牙之前你必须知道的、儿童口腔健康和心理联系等；生命教育类内容包括家庭教育、让安全成为一种生活、接纳和爱上自己、如何面对老来丧子之痛、暴雨来袭我们如何应对等；阿尔茨海默病防治类内容包括老年人常见病的相关知识、阿尔茨海默病有哪些表现等。

4. "乐"类课程分类，主要包括舞蹈、声乐、器乐、书法、绘画、模特、戏剧、手工、生活休闲、历史地理、文化等。

舞蹈类内容包括中国舞、有氧舞蹈、美丽芭蕾、广场舞、交谊舞等；声乐类内容包括声乐乐理知识、西方音乐史、唱歌、声乐基础练习等；器乐类内容包括葫芦丝入门、手风琴入门、口琴入门、古筝入门等；书法类内容包括中国书法文化赏析、书圣王羲之、甲骨文识记与书法；绘画类内容包括手绘、设计素描、千年画卷、宋元绘画等；模特类内容包括运动舞蹈探戈、形体训练、布鲁斯舞等；戏剧类内容包括影视作品赏析、越剧大家唱等；手工类内容包括家庭花艺、手工布艺、巧手学剪纸、瓶子的艺术等；生活休闲类内容包括春日节气探春、南宋四艺、轻松学烘焙等；历史地理类内容包括世界自然地理分区、生命的起源与演化等；文化类内容包括闽台文化、古建筑的魅力艺术、崧泽文化等。

5. "为"类课程分类，主要包括退休生涯规划、投资理财、志愿服务、创新创业、农业养殖、职业技能。

退休生涯规划类内容包括老年人优质生活管理、如何过好退休生活、传统风筝制作、时尚生活插花、学剪纸、巧手做香包等；投资理财类内容包括财务管理、闲话投资、老年人如何防范推销、读懂生活中的营销术等；志愿服务类内容包括急救止血包扎法、社区那些事儿、乡村振兴群英汇等；创新创业类内容包括激励十法、乡村旅游服务升级微课堂、领导力与表达艺术、看故事学管理等；农业养殖类内容包括种植技术、浅谈动物福利、高级果树园艺工、生物大观园等；职业技能类内容包括家居清洁、职业道德、职业心态、老年活动的组织与策划等。

（二）平台主题类资源统计分析

平台资源可分为以下 43 个主题：舞蹈、声乐、器乐、书法、绘画、模特、戏剧、手工、摄影、表演、文化、文学、生活休闲、公民素养、数字素养、投资理财、志愿服务、创新创业、隔代教育、时代前沿、农业养殖、时事思政、职业技能、运动健康、慢病管理、口腔健康、生命教育、老年痴呆防治、退休生涯规划、家庭照护、中医保健、用药安全、食品营养、心理健康、社会科学、自然科学、哲学、历史地理、农学、语言、医学、数学（等）学历教育服务、论文写作。

按五大类别"德""学""康""乐""为"对平台视频数量进行统计，占比如图 3-27 所示。"德"类总视频数量为 10650，占总视频数的比例约为 23.69%；"学"类总视频数为 1178，占总视频数的比例约为 2.62%；"康"类总视频数为 5248，占总视频数的比例约为 11.67%；"乐"类总视频数为 22766，占总视频数的比例约为 50.64%；"为"类总视频数为 5117，占总视频数的比例约为 11.38%。由此可见全国老年教育公共服务平台发布最多的视频为"乐"类视频，而"学"类视频资源最少。

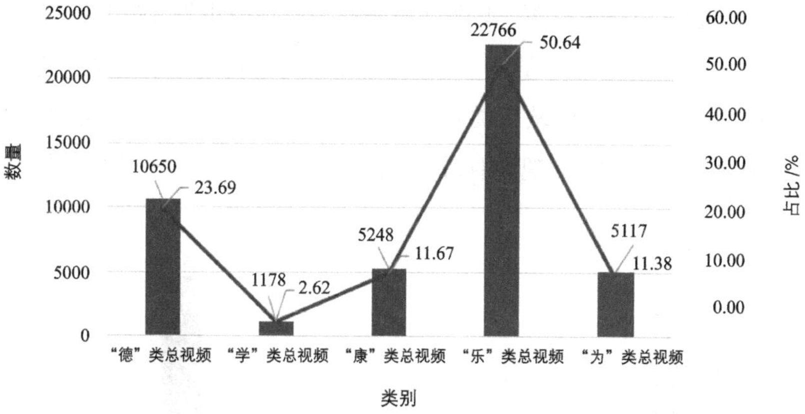

图 3-27　五大类别视频资源数量及占比

　　将全平台视频的主题词进行提取，去掉口语化词、疑问词后，可得到如图 3-28 所示的主题词云图。词云图中词语的大小表示关键词出现频率的高低，可以看出全国老年教育公共服务平台发布的视频多与"中国""健康""大风车""生活""表演""肿瘤""防治"等相关。这表明平台对健康类和娱乐类的视频整合能力强、关注度高，也体现我国老年人对健康与娱乐的需求大。

图 3-28　全平台视频资源主题词云图

　　"德"类下的 4 个主题类别的数量统计结果如图 3-29 所示：公民素养类

共有 1217 个视频，约占"德"类视频总量的 11.43%；时代前沿类共有 757 个视频，约占"德"类视频总量的 7.11%；时事思政类共有 163 个视频，约占"德"类视频总量的 1.53%；隔代教育类共有 8513 个视频，约占"德"类视频总量的 79.93%。由此可见，"德"类视频中隔代教育主题占比最高，最受当代老年人关注。

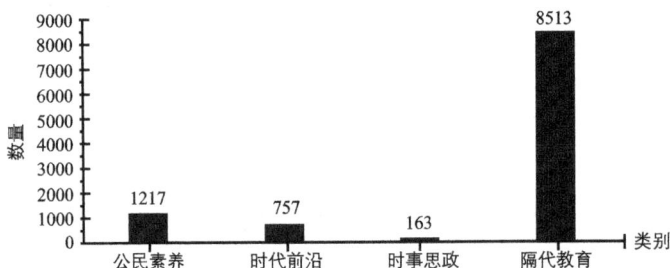

图 3-29 "德"类视频资源主题分布情况

将"德"类视频的主题词进行提取，去掉口语化词、疑问词等，得到如图 3-30 所示的"德"类视频高频词云图。"德"类视频中常见的词语有"大风车""银河""中国最美""最美故事""小朋友""西南联大""启示录"等。表明平台关于"大风车"等电视节目的视频最多，关于中国的最美风景、故事和西南联大的视频也较多。

图 3-30 "德"类视频高频词云图

如图 3-31 所示，"学"类总视频数量为 1178，在平台主题类别中是最少的。各主题视频中数量最多的为"表演"类视频，有 533 个，占比约为 45.25%；"文学"类次之，有 330 个视频，占比约为 28.01%。在"学"类视频中占比最少的是医学类。

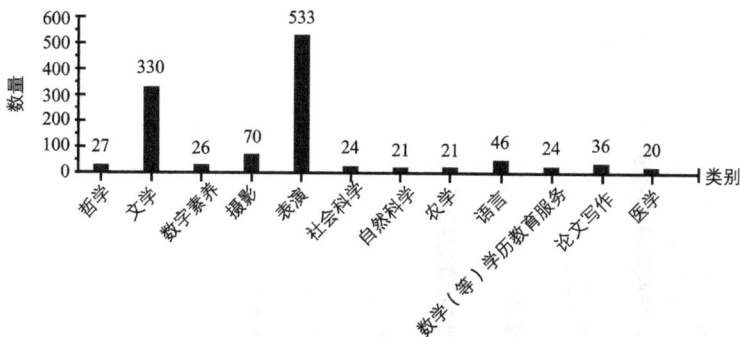

图 3-31 "学"类视频主题分布情况

将"学"类视频的主题词进行提取，去掉口语化词、疑问词等，得到如图 3-32 所示的"学"类视频资源高频词云图。"学"类视频中常见的词语有"表演""魔术""中国"等。表明平台对我国"表演""魔术"等视频资源整合能力强。

图 3-32 "学"类视频资源高频词云图

如图 3-33 所示，在"康"类总视频中占比最高的主题类别是"家庭照护"类，此类视频有 1608 个，占比约为 30.64%；"食品营养"类次之，有 1290 个视频，占比约为 24.58%；"阿尔茨海默病防治"类视频投放最少，数量仅为 39，占比约为 0.74%。由此可见，"康"类视频中关于家庭照护、食品营养、运动健康等直接关乎老年人健康的较多，而关于阿尔茨海默病防治、口腔健康等的较少。

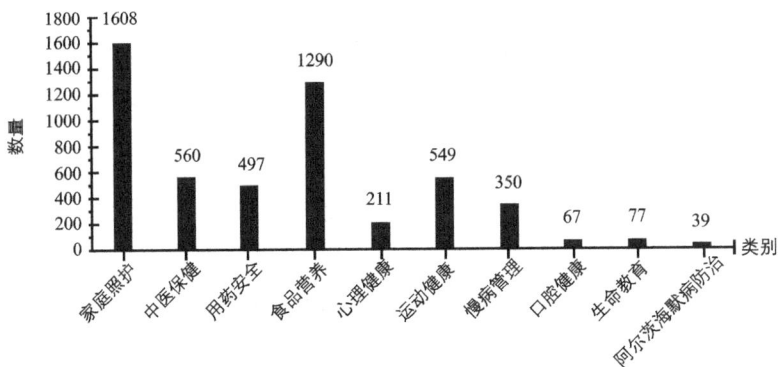

图 3-33 "康"类视频主题分布情况

将"康"类视频的主题词进行提取，去掉口语化词、疑问词等，得到如图 3-34 所示的"康"类视频资源高频词云图。"康"类视频中常见的词语有"肿瘤防治""健康""科普""养生""专家""营养""运动"等。表明平台对身体健康、养生以及营养等直接关系到老年人身体健康问题方面的资源整合能力强。同时，"养生""心理学""情绪"等关键词，以及"中医""按摩""锻炼""健身""运动"等关键词的出现说明平台也对老年人的病症和促进老年人健康的有效手段有所关注。

图 3-34　"康"类视频资源高频词云图

　　如图 3-35 所示，在"乐"类总视频中最多的为"生活休闲"类视频，有 13892 个，占比约为 61.02%；"戏剧"类次之，有 3444 个，占比约为 15.13%；视频投放最少的为模特类，数量为 20，占比约为 0.09%；第二少的为历史地理，数量为 23，占比约为 0.10%。由此可见，"乐"类视频最多的为生活休闲类，老年人更喜欢看此类视频，这一统计结果也符合老年人对休闲娱乐的需求。

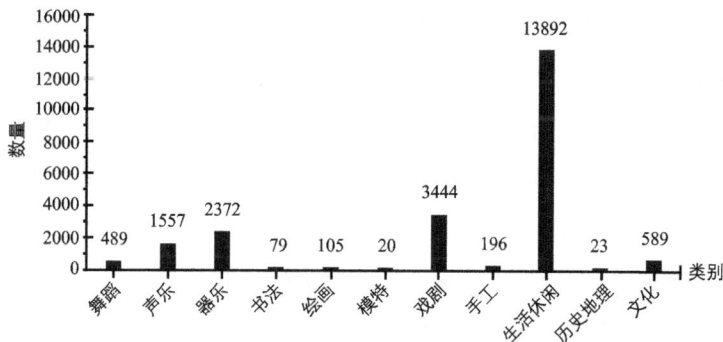

图 3-35　"乐"类视频主题分布情况

将"乐"类视频的主题词进行提取，去掉口语化词、疑问词等，得到如图 3-36 所示的"乐"类视频资源高频词云图。"乐"类视频中常见的词语有"音乐""文化""故事""钢琴曲""人生""幸福"等，表明平台对老年人的休闲娱乐，尤其是音乐、艺术类生活、文化类生活方面非常重视，对可以陶冶情操的视频进行了大力度的整合，以丰富老年生活。

图 3-36 "乐"类视频资源高频词云图

如图 3-37 所示，在"为"类总视频中数量最多的为"农业养殖"类视频，有 2816 个，占比约为 55.03%；其次为"创新创业"类，有 1010 个视频，占比约为 19.74%；第三多的视频为"职业技能"类，有 810 个，占比约为 15.83%。视频投放最少的为"退休生涯规划"类，有 23 个，占比约为 0.45%，较少的为"志愿服务"类，有 45 个，占比约为 0.88%。由此可见，"为"类视频中最多的为农业养殖类，推测与当今中国的农村老年人较多、从事农业相关的群体较大有关。同时，"创新创业"类视频也相对较多，这体现了一些老年人仍旧对创新创业感兴趣。在"为"类总视频资源中对退休生涯规划、志愿服务的指导偏少。

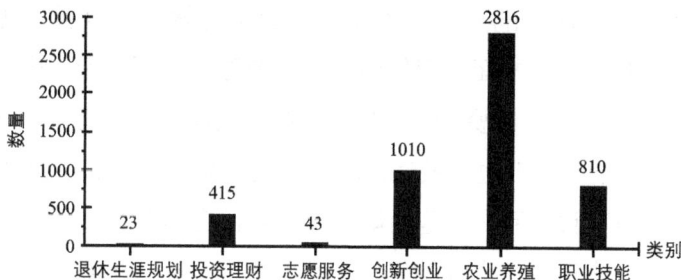

图 3-37　"为"类视频主题分布情况

　　将"为"类视频的主题词进行提取，得到如图 3-38 所示的"为"类视频资源高频词云图。"为"类视频中常见的词语有"如何""种植""养殖""问题""村民""乡土专家""家乡""帮助""乡村"等。表明平台针对体量庞大的农村老年人更感兴趣的话题进行了较多的视频资源整合，通过视频课程帮助相关群体得到养殖、种植方面问题的解答。

图 3-38　"为"类视频资源高频词云图

　　通过对全国老年教育公共服务平台的资源情况分析，可见该平台很好地整合了老年教育资源，为老年教育资源共建共享提供了很好的资源支持，在创新发展老年教育中发挥了示范、带动、引领和辐射作用。平台课程视频资源丰富，并给予了详细的分类，不仅便于老年群体按需查看，还将在激发他们自主学习的积极性方面发挥作用。但从资源的主题来看，内容多聚焦在"乐"，关于"学""为"的资源相对较少，推测其原因一个是老年教育从"娱乐型"转向"赋能型"的过程较慢，前期"娱乐型"资源基础相对较好，"赋能型"资源有待建设；另一个是老年教育资源整合面有待加强，特别是跨系统资源的整合。该平台上资源的另一个问题是资源形式相对单一，加之我国老年群体普遍科学素质偏低，尤其是老年群体在数字素养与技能普遍不高的情况下，对平台的使用必然会受限。下一步平台应以坚持老年人科学素质提升的核心需求为牵引，并以"积极老龄化""健康老龄化"引导需求，创新资源的展示形式、交互形式、反馈形式，丰富积极老龄观相关主题内容，做好平台使用监测。这些应是媒体平台和渠道在促进老年人科学素质提升中发挥作用时应当思考的问题。

第四章

老年人科学素质

提升的策略建议

根据调研和分析，我们提炼出影响老年人科学素质提升的几个关键问题，并在本研究中给出主要建议。

第一节　强化政策导向和任务落实

问题 1：政策导向及任务主体落实不明确

法律层面：《中华人民共和国老年人权益保障法》（以下简称《老年人权益保障法》）从家庭赡养与扶养、社会保障、社会服务、社会优待、宜居环境、参与社会发展等层面进行规定，但没有相应的实施细则。虽然各部门都出台了有关的行政法规，但是由于没有《老年人权益保障法》的实施细则，各部门出台的行政法规的约束力比较差，特别是在社会服务、社会参与等层面亟须加强。

政府层面：对比 2023 年、2024 年政府工作报告来看，2023 年以及过去五年有关老年的重点任务在于提升医疗卫生服务能力，优化老年人等群体就医服务，以及 2023 年的大力发展老年助餐服务。2024 年的政府工作报告，从基础养老金、养老保险、老年用品、银发经济、老年医学、社区养老服务网络建设、养老照护人才、养老民生科技研发等多层面对养老事业进行部署，这一系列促进老龄事业发展的振奋人心的政策措施为未来发展指明了方向。但从各省、自治区、直辖市的政府工作报告来看，老龄工作大多聚焦在适老化改造、健康养老、老年自助餐等方面，只有部分省、直辖市、自治区有较为详细的量化目标。相关部门的支持政策对政策落实的责任部门的约束力不强，要落实的目标也不清晰。总的来说，政府推动社会治理和养老服务时，对老年人的关注度在不断加强，但解决问题的力度相对弱，对老年人"数字鸿沟"问题、社会参与以及社会不同部门的联动机制建设等问题的关注度不够，也缺乏详细的目标和任务。

企业层面：企业参与老龄事业的动机在于经济效益及国家的政策导向，但目前来看，国家在引导企业致力于老年服务方面的力度以及激励措施方面还有不足，未能最大化地激发企业社会责任的动力。

社会层面：从社会层面来看，与老年人相关的服务机构和企业服务意识、敬老爱幼的意识还不足，积极老龄化的社会氛围还在营造进程中，对老年人回避和恐惧"数字鸿沟"这一问题的重视程度还不够，对老年教育、终身学习理念的落实还不到位，对提升老年人科学素质相关的资源建设、环境营造的重视程度不能满足老年人需求。另外，在养老服务队伍的岗位设置以及人员培育上，没有明确的规划和发展目标。全社会在对老年人的认知方面也一直停留在"养老"状态，对积极老龄观的理解以及社会氛围营造不够。从社会、家庭、个人等层面缺乏相关理念引导、资源支持以及政策支撑，从"养老"到"享老"的转变还需要全社会协同助力。

老年人层面：因老年人自身的身体变化、认知水平有限以及相对较低的文化教育基础等影响，老年人对新生事物接受速度缓慢，甚至有时会排斥。

建议 1：明确主体责任，强化任务落实

法律层面：建议国家出台《老年人权益保障法》的实施细则，保护老年人的权益，要包括数字权益、参与社会的权益等条文，使其更具体、更具备可操作性。

政府层面：在法律层面保护的前提下，各级政府要在社会治理和服务过程当中，把推动老龄事业发展作为一个系统工程，健全鼓励支持老年人社会参与，实现以老有所学、老有所乐、老有所为为目的的政策激励和支持体系。例如，在推进数字治理和服务数字化过程当中，要把缩小老年人的"数字鸿沟"问题列入政府的工作计划，将其作为一个事业来推进老年人融入数字经

济和数字生活。

企业层面：在国家和政府有利的政策支持下，企业更加关注与老年人相关的新闻资讯、社交通信、生活购物、金融服务、旅游出行以及医疗健康等方面的适老化改造，强化社会责任感，共谋老龄事业高质量发展。

社会层面：相关责任部门需要协同联动，聚焦老年人事业发展的核心问题，在资源建设、积极老龄化的环境和氛围营造、人员队伍建设等方面，形成合力，发挥各个协同部门的优势，实现老龄工作专门化运行和跨部门协作，营造老年友好型社会环境、服务体系、保障支持体系以及监测评估体系，为构建积极老龄化社会做好全方位支持。

老年人层面：以老年人自身需求为导向，以促进老年人更好地适应社会和参与社会活动为目的，提高老年人的素质，让"养老"走向"享老"，引导老年人合理规划退休生活，重塑自我，继续发挥作用、创造价值。

问题 2：老年科普工作责任主体和目标任务不明确

责任主体层面：《中华人民共和国科学技术普及法》明确科普是公益事业，是社会主义物质文明和精神文明建设的重要内容，发展科普事业是国家的长期任务，国家机关、武装力量、社会团体、企业事业单位、农村基层组织及其他组织应当开展科普工作。可见，法律层面已经明确了科普工作的重要作用，也明确了科普工作的责任主体，但是，尚未关注面向老年人的科普工作。《纲要》首次将老年人作为科普的重要人群，强调通过实施"智慧助老"行动、加强老年人健康科普服务、实施银龄科普行动，提高老年人适应社会发展的能力。《中华人民共和国科学技术普及法（修改草案）》提到国家鼓励和支持老年科学技术人员积极参与科普工作，老年大学、社区学院等教育培训组织有提升老年人等各类人群科学知识获取、识别和应用能力的责任。结合各省、自治区、直辖市在落实《纲要》的任务时的分析，老年人科普行动落实的责任部门在各省、自治区、直辖市呈现不同的状况，牵头部门不一、联动部门不一，责任主体直接影响到实施效果和目标达成，所以责任主体需要再细化和明确。

目标任务层面：对标国家层面的《纲要》，各省、自治区、直辖市在落实老年科普行动的任务与国家层面的任务内容大多雷同、路径举措不明晰，目标量化任务不够细化，一方面显示了重视不足，另一方面也不利于任务的落实。

建议 2：强化老年科普工作的重视度及目标任务落实

责任主体层面：推进《中华人民共和国科学技术普及法》的修改完善，从法律层面全面保障老年人科普权益。从《中华人民共和国科学技术普及法》和《纲要》落实层面，强化科普工作主体及责任，形成老年科普服务的社会协同联动机制，明确各部门应发挥的作用和责任。

目标任务层面：要对标老年人科学素质现状和老年人对科普知识与技能的实际需求，制定可落地、可量化的目标任务，明确老年人科学素质提升的责任部门的细化任务和量化目标，建立可复制、可推广的联动机制和服务模式，畅通促进老年人社会参与的渠道，打造一批可传播推广的科普资源，培养一批稳定的老年科普志愿服务队伍。

第二节　推动科普场馆成为老年科普工作的重要阵地

据科技部发布的 2022 年度全国科普统计数据，截至 2022 年底，全国的科技馆和科学技术类博物馆有 1683 个，其中科技馆有 694 个，科学技术类博物馆有 989 个 [24]。《现代科技馆体系发展"十四五"规划（2021—2025 年）》

24　科技部发布 2022 年度全国科普统计数据 [EB/OL].(2024-01-11)[2024-03-17].

中提出，"到 2025 年，……推动每个地级市建有 1 座科技馆"。从体量上看，我国的实体科技馆数量已经相当多，再加上线上科技馆、数字科技馆等在线科普教育服务平台等，科技馆已经成为服务社会大众的重要场所。作为科学普及的重要场所，科技馆在提升老年人的科学素质领域具有不可替代的作用。在服务老年人的科学素质提升方面，科技馆绝对不能缺席。

问题：科技馆为老年人科学素质提升服务的动力不足

科技馆是公众接受终身教育的重要学习阵地。据前期的问卷及访谈调查了解到，以科技馆为场所开展老年人科学素质提升的实践案例在不断涌现，这显示出科技馆在提升老年人科学素质方面的积极作用。一些科技馆为老年人设计了一系列互动体验项目，如虚拟现实体验、机械装置操作等，让老年人在亲身体验中感受科技的魅力。同时，定期举办科普讲座，邀请专家深入浅出地讲解科学知识，让老年人在娱乐中学习，提升科学素质。有些科技馆成立了老年科技学习小组，定期组织老年人开展科技项目研究、科技作品制作等活动。这不仅锻炼了老年人的动手能力，还增强了他们的团队合作精神，让他们在互动中提升科学素质。还有些科技馆组织志愿者为老年人提供一对一的科技辅导服务，解答他们在使用科技产品、了解科技知识时遇到的问题。这种服务形式更加贴心，有助于消除老年人的科技恐惧感，提升他们的科技应用能力。

但科技馆为老年人科学素质提升服务的动力整体不足，存在一些困难和问题。首先是资源有限的问题。大多数的科技馆都以服务青少年儿童为重点，对面向老年人的科技服务重视不足，在人员配备、展品服务、展区展品形式等方面都存在不足。科技馆在人力、物力等资源方面相对有限，这可能导致活动规模受限，影响普及效果，较难满足大量老年人参与科学素质提升活动的需求。其次是老年人科技基础差异大的问题。老年人的科技基础参差不齐，有的老年人对科技产品操作熟练，而有的则几乎一无所知。这要求科技馆在设计和组织活动时，充分考虑老年人的不同需求和能力水平，制定差异化的教学方案。再次是老年人参与意愿不高的问题。部分老年人可能受传统观念、生活习惯等因素影响，对科技产品和技术持怀疑或排斥态度，导致他们参与科学素质提升活动的意愿不强。这就需要科技馆加大宣传力度，通过展示科技的实用性和趣味性，激发老年人的参与热情。最后是缺乏长效机制的问题。目前，很多科技馆的老年人科学素质提升活动还处于试点项目阶段，缺乏长期、稳定的运营机制。这可能导致活动效果难以持续，进而影响老年人的科学素质提升效果。

建议 1：科技馆要积极加强针对老年人的服务内容

为了解决前述问题，更好地服务老年人，科技馆可以从以下几个方面着手，加强针对老年人的服务。

一是优化适老服务设施与环境。科技馆需要在展区内设立老年人专区，提供较为舒适的休息座椅、茶水服务以及放大镜等辅助工具，方便老年人参观和休息。确保科技馆内的通道、电梯、卫生间等设施符合无障碍设计标准，方便老年人行动。安排专业的导览员为老年人提供导览服务，解答疑问，帮助他们更好地理解科技知识，体验科技设备。

二是丰富适老科普活动内容。科技馆应邀请科学家、技术专家为老年人讲解科学知识，让他们了解最新的科技发展和应用。设计适合老年人参与的科技体验项目，如与生命健康相关的科技体验，让他们亲身感受科技的魅力。开发适合老年人的科普互动游戏，让他们在轻松愉快的氛围中学习科学知识。

三是加强适老科普资源建设。科技馆需要针对老年人的阅读习惯和兴趣，编制通俗易懂、图文并茂的科普读物，供他们借阅和学习。还可以利用视频和音频资料，为老年人提供多样化的科普学习方式，让他们随时随地都能学习科学知识。

四是积极建立各类适老合作与交流机制。科技馆与社区建立合作关系，共同开展科普活动，吸引更多老年人参与。与其他科技馆、博物馆、图书馆等机构建立合作关系，共享科普资源，增强科普活动的效果。倡导家庭成员共同参与科普活动，增进家庭成员之间的交流和互动，营造浓厚的科普氛围。

通过以上措施的实施，科技馆可以更好地服务于老年人科学素质的提升，让老年人在享受科技带来的便利和乐趣的同时，提高自身的科学素质和生活质量。

建议 2：以科技馆为阵地建设老年科技大学

以科技馆的资源为基础建立老年科技大学，有诸多的潜在优势。

第一，科技馆作为展示和传播科技知识的重要场所，拥有丰富的科普资源和设施。这些资源包括展览展品、实验室、多媒体设备等，可以为老年科技大学提供直接的教学支持。同时，科技馆的专业团队和志愿者队伍也可以为老年科技大学提供很好的师资和运营支持。

第二，科技馆中的展品和实践活动可以帮助老年人直观地理解和掌握科学知识。相比传统的课堂教学，科技馆的实践教学方式更符合老年人的学习特点，能够激发他们的学习兴趣和积极性。此外，科技馆还可以根据老年人的需求和兴趣，定制个性化的科普课程，提供更深入、更系统的学习体验。

第三，科技馆通常位于城市中心或社区中心，交通便利，便于老年人前来学习。同时，科技馆作为公共场所，具有良好的社会影响力，可以吸引更多的老年人关注和参与在科技馆里举办的各类学习活动。通过与社区的合作，科技馆还可以为老年人提供更多的社交机会，促进他们的身心健康。显然，科技馆与老年科技大学的合作相得益彰、珠联璧合。

第四，随着社会对老年教育的重视程度不断提高，政府和相关机构对老年科技大学的建设给予了越来越多的政策支持。以科技馆为基础建立老年科技大学，可以充分利用这些政策优势，降低建设和运营成本，提高运营效率。

第五，老年科技大学有开放性、公益性、灵活性以及科技特色的优势，可以为老年教育的高质量发展赋能。

建议 3：建立社会化协同的服务模式

政府要做好科学素质提升行动的管理者和监督者，加大对科技馆在服务老年群体的资金投入与政策支持，确保科技馆能够持续、稳定地运营，并不断完善和更新科技展品和设施。同时，政府还可以出台相关政策，鼓励和支持科技馆联合社会资源开展老年人科学素质提升活动。尤其要给予企业等社会力量支持，在税收减免、资金补贴等方面制定一定的优惠政策和措施，这样才能产生更好的效果。

政府应协调各相关部门和机构，将科技馆与其他社会资源进行有效的整合，形成服务于老年人科学素质提升的合力。例如，支持和鼓励科技馆与社区、高校、科研机构等建立合作关系，共同开展科普活动，为老年人提供更丰富、更专业的科学教育服务。

政府应加强对科技馆服务活动的监管、评估和奖励，确保并不断提升其活动质量和效果。可定期对科技馆进行检查和评估，对其在提升老年人科学素质方面的成效进行考核，并根据评估结果给予相应的奖励或提出改进建议。

科学技术协会要做好指导者和资源协调者。由各级科学技术协会组织专家团队和师资力量，为科技馆提供科学教育和科普活动的专业指导和培训，包括制定科学课程、科普内容，设计科普教育活动形式，培训科普讲解员等，以确保科技馆的科普活动具有科学性和专业性。

要积极发挥各级科学技术协会在科学界的广泛联系的纽带作用和影响力，整合各类科学服务资源，与科技馆共享。例如，可以邀请科学家、学者到科技馆开展讲座、交流等活动，为老年人提供与科学家面对面交流的机会，激发他们对科学的兴趣。科学技术协会可以通过各种渠道和媒体，加强对科技馆及其各种科普活动的宣传和推广。这不仅有助于提高科技馆的知名度和影响力，也能吸引更多老年人参与到科学素质提升活动中来。

社会各方力量要做好助老服务的积极参与者。想方设法促进提升老年人科学素质的相关工作顺利开展，需要鼓励企业等社会力量参与到科技馆的建设和运营中，提高企业提供资金、技术和产品支持的积极性。可以鼓励企业通过赞助活动、捐赠设备、提供有偿服务等方式参与进来，与科技馆共同推动老年人科学素质的提升。政府和科学技术协会也可以采用购买服务的方式，鼓励社会各界更多资源方参与到针对老年人科学素质提升的服务中来。

发动社会各界人士加入科技馆的志愿者服务，为老年人提供导览、讲解等。也可以尝试建立志愿者科教服务积分、积分银行等手段，鼓励更多的社会人士参与到科技馆、老年科技大学的工作中来。这不仅可以缓解科技馆人力不足的问题，还可以增进社会各界对老年人科学素质提升工作的关注和支持。

此外，鼓励科技馆与社区建立紧密的合作关系，共同开展科普活动。例如，可以由科技馆主导或在科技馆专家们的指导下，在社区设立科普宣传栏，定期发布科普信息，组织科普讲座、展览等活动，吸引社区居民特别是老年人参与等。

通过政府、科学技术协会及社会各界的共同努力，充分利用好科技馆这一平台，在科技馆建设适老、助老的服务内容，让科技馆成为老年大学或老年科技大学的一部分。通过政策支持、专业指导、资源整合等方式，推动老年人科学素质的提升工作取得实效。

第三节 创新老年教育服务模式

问题：终身教育及终身学习理念宣传及落实不到位

终身教育学习理念符合时代、社会以及个人发展的需要，是促进个体跟上时代发展步伐、参与社会的重要基础保障，也是促进老年人提升科学素质，不断充实和完善自己，为社会发挥余热，实现"老有所为"的人生价值的必由之路。但是，结合科普场馆开展的老年教育工作调查、老年教育机构调查、老年教育资源调研，以及老年人科学素质的调查发现，终身教育及终身学习的环境和氛围还未广泛形成，与之相关的资源支持、资金支持以及教育内容和形式，与终身教育和终身学习的需求还不相匹配。

建议 1：理顺老年人科学素质提升的教育主体

从落实科学教育内容的角度分析，我们最常提到的是如何提升青少年的科学素质，其科学教育主体包括家庭、学校和社会三个方面，其中家庭是培养青少年科学兴趣的第一课堂，学校是学生开展科学教育活动最重要的场所。但是，对于如何提升老年群体的科学素质这一课题而言，并没有像学校一样的专门机构进行组织，也缺少家庭和社会的支持。缺少教育责任主体，也是限制老年群体科学素质提升的关键。

对此，我们建议将科普场馆作为促进老年人科学素质提升的组织者、设计者和引领者，承担类似于学校的角色；将社区和老年大学打造为促进老年人科学素质提升的家庭环境；将大众媒体作为促进老年人科学素质提升的社会环境。科普场馆、社区和老年大学以及大众媒体三者协同作用，共同促进老年群体科学素质的提升。

科普场馆层面：首先，扭转科普场馆仅将青少年科普作为重心的现状和固化思维，加强对老年科普的重视，转变科普场地的服务理念和方式，发挥科普场馆作为公众终身学习主阵地的作用，将促进老年人科学素质提升与促进青少年科学素质提升相结合，在科普资源研发、为老年人与未成年人科学素质提升提供系列活动以及科普志愿者队伍建设中，探索推动科技馆与老年人教育相融合的发展新模式，促进青少年群体与老年群体有更多的互动，实现不同群体科普资源共建共享、"一小一老"互学互促共提升。

其次，组织实施科技馆的科普大篷车进社区活动。带着科技展品、科普剧、科学秀等深入社区开展科普进社区活动，在科普活动的内容设计中，重点围绕社区居民关注的健康养生、智能手机应用、智慧社区科普、科学辟谣、心理健康、亲子关系等内容开展，让科普与公众生活实际需求和场景对接，不仅能够激发居民学习的积极性，也能使得科普达到较好的服务效果。

最后，围绕营造养老、孝老、敬老的社会环境，充分发挥科普场馆资源优势和老年大学、老年科技大学教育平台的作用，联动开展主要针对老年群体的科普大讲堂，围绕智慧科普、健康养生、安全防骗等老年群体较感兴趣的内容，邀请相关领域的专家、学者开展讲座，形成以主课堂搭配分课堂、线上线下协同的教育模式，扩大受众群体的覆盖面，增强老年人的获得感、幸福感、安全感，为实现老有所乐、老有所学、老有所为做好支持。

社区层面：首先，树立积极老龄观理念，加强对科普工作、老龄化社会的认识，提高科普工作的积极性和对其的重视程度，以积极、开放、包容的意识和行动，吸引和接纳优质资源走进社区、融进社区。以友好型社区建设和智慧型社区建设为出发点，主动寻求社会力量参与到社区建设中，提升服务能力和水平。其次，要为居民的精神文化需求做好服务支撑。充分利用社区空间资源，打造阅览室、活动室、娱乐室、科普广场等，营造终身学习的场景。最后，加强组织领导，提高服务意识。以集中组织、志愿帮扶、结对子等形式，组织专家、志愿者深入社区、家庭，开展人口老龄化国情宣传教育、数字技能培训、安全教育、健康教育等活动，践行社会主义核心价值观，传递科学的思想观念和行为方式，普及科学知识，营造积极老龄化的社会氛围。

老年教育机构层面： 鉴于目前存在老年大学顶层系统化设计不足、老年教育资源供需矛盾突出、老年教育课程同质化现象普遍、老年教育的科技内容含量和学术水平相对不足等问题，提出如下建议。一是促进资源开发形成合力。例如国家老年开放大学建设"全国老年教育公共服务平台"汇聚约 40.7 万门（个）、397.3 万分钟的老年教育课程资源，包含"德""学""康""乐""为"五大类内容，是汇聚资源形成合力的典型实践范例。线上线下资源协同研发、共同传播，不仅能够解决资源发展不均衡、资源辐射面窄的问题，还能促进优质资源的生产和传播。合力的形成，需要跨部门、跨领域协同，所以建立一套可推广、可持续发展的协同机制至关重要，机制吸引、约束、协同推进老年教育发展。二是老年大学由"娱乐型"转向"赋能型"。从"全国老年教育公共服务平台"的视频课程的占比来看，"乐"类视频课程资源占比约为 50.64%，而"学""为"类视频资源占比分别约为2.62%、11.38%，"娱乐型"导向性非常明显。改善"娱乐型"导向，不但需要加大"为""学""康"等课程分类下的内容建设和资源传播力度，更需要从根本上扭转老年教育理念，引导老年人树立积极老龄观，促进老年人参与社会活动、发挥潜能。三是结合不同年龄层、不同教育文化背景的老年人需求，创新老年教育模式。以讲座授课、实践体验、参观、座谈交流、咨询、研学等方式，开展短期与长期相结合、线下与线上相结合、理论与实践相结合、学分与非学分相结合等形式的教学活动，精准对接老年人学习需求。

媒体层面： 结合前期调研相关媒体在提升老年人科学素质中发挥作用的案例研究，综合考虑媒体发布的资源对老年受众关注不足、内容和板块设置不利于老年人学习等问题，提出如下建议。首先，要做到守土有责、守土负责、守土尽责，把好内容关和传播关，做好老年科普源头的价值引领，为推进积极老龄化、老年友好型社会建设做好舆论引导。其次，要加强对老龄化社会的正确认识和重视，提升把老年人作为重要服务对象的意识，结合老年人的学习特点、用网习惯、实际需求进行内容设计和宣传策划。最后，要关注老年人的需求反馈和互动，做好用户监测和效果评估，精准抓取老年人科普需求，推进媒体在意识引导、资源传播、服务效能以及环境营造等方面发挥更大的作用。

建议 2：多渠道调动老年群体科学素质提升的积极性

调动老年群体对科学素质提升的积极性，是提升老年人科学素质的关键。通常，很多老年人来科普场馆参观的动机是打发时间或者陪同小孩，主动获取科技信息的热情并不高；在一些社区科普活动中，老年群体有参与热情是因为领取礼品，而非获取科学知识。如何调动老年群体主动提升科学素质的热情成为这项工作的难点。

实际上，老年群体对科学类的信息或者科技产品也是很感兴趣的。他们也会饶有兴致地刷微信、抖音，也会在"拼多多"之类的电子商城平台购物。老年群体对电子产品的痴迷程度并不亚于年轻人，他们只是需要在诸如如何正确使用电子产品、如何掌握智能设备使用方法等方面得到更好的引导。

很多老年人热衷转发谣言类的科普信息，这从另一个方面说明老年群体其实对科学知识也是非常感兴趣的，并且乐于主动科普，他们可能只是缺乏辨别真伪信息的能力。

所以，相关教育主体需要共同发力，一方面要结合老年人关注的内容和兴趣，为老年人构建不同场景下的学习环境，以老年人在生活场景数字应用、信息真实性和安全性以及自身权益保护等方面素养和技能的薄弱点为抓手，引导老年人的学习需求。另一方面要促成"一小一老"互学互促共提升模式，从家庭以及社会层面给予更多的支持，并且还要发挥老专家、老科技工作者、老年科普志愿者在同龄人中主动学习的榜样作用，帮助和带动更多的老年人提升科学素质。

建议3：在教育内容设计上下功夫，多个维度落实《纲要》要求

在《纲要》中，针对老年群体提出了"以提升信息素养和健康素养为重点，提高老年人适应社会发展能力，增强获得感、幸福感、安全感，实现老有所乐、老有所学、老有所为"的具体要求。

以教育的方式促进老年人科学素质提升可谓是非常直接和必要的。科学素质的核心由数字素养和健康素养组成，以健康素养提升为例，要结合老年人的健康认知水平、健康教育资源供给以及教育内容的深度和广度等几个方面，进行内容设计，应从信息素养、健康素养、社会适应能力、情感需求、个人价值等多个维度重点考量，促进多维度资源及效能的共享和整合。

首先，要结合老年人的健康认知水平进行教育。老年人对于自身健康状况的认知程度直接影响着他们能否掌握健康的行为和生活方式。部分老年人可能由于缺乏科学健康知识，对一些常见慢性疾病的预防和控制缺乏了解，导致疾病的发生和发展，因此提高老年人的健康认知水平是科学健康教育的重点之一。

其次，要加大老年人健康教育资源的供给力度。目前，社区和医疗机构是老年人获取健康教育的主要渠道。然而，教育资源有限导致了健康教育内容的深度和广度不足。此外，一些健康教育活动可能缺乏针对性和实效性，导致老年人的参与度和满意度不高。因此，需要优化健康教育资源的供给结构，提高资源的使用效率。

最后，在老年人健康教育内容的深度和广度上下功夫。在老年科学健康教育中，内容的深度和广度也需要得到足够的重视。除了常见的慢性疾病防治知识外，还应该涉及心理健康、营养饮食、运动健身等方面的内容。同时，应该为一些高风险老年群体，如独居老人、失能老人等提供更具针对性的教育服务。

为了更好地落实老年人的科学健康教育，需要做好以下 4 个方面的工作。

一是做好健康教育活动的设计与实施。针对老年人的特点和需求，设计具有吸引力和实用性的健康教育活动。例如，开展健康讲座、组织健身活动、提供营养饮食指导等。在实施过程中，注重老年人的参与和反馈，不断优化和改进活动内容和形式。

二是做好教育资源的整合与共享。充分利用现有的健康教育资源，如医疗机构、社区卫生服务中心、养老机构等，实现资源的有效整合和共享。同时，鼓励社会各界参与老年科学健康教育工作，为老年人提供多元化的教育服务。

三是做好教育效果的评估与监测。建立科学的教育效果评估体系，定期对老年科学健康教育工作进行评估和监测。通过收集和分析相关数据，了解老年人的健康认知水平、对教育活动的参与度和满意度等情况，为进一步优化教育工作提供依据。

四是提高教育者的素质和能力。加强培训和教育，提高老年科学健康教育工作者和志愿服务队伍能力水平。

第四节　建设科普主体单位的联动平台

问题：科普服务联动不足，直接影响《纲要》实施效果

目前，中国健康教育中心、中国疾病预防控制中心等机构和"丁香医生""猫大夫"等在线医疗信息获取渠道正在做健康教育资源整合工作。这些机构和平台通过整合各类健康教育资源，为公众提供全面的健康信息和咨询服务，为公众的健康教育做出了贡献。《中华人民共和国科学技术普及法》规定"各级人民政府领导科普工作，应将科普工作纳入国民经济和社会发展计划，为开展科普工作创造良好的环境和条件。县级以上人民政府应当建立科普工作协调制度。"鉴于各地在推动《纲要》落地实施中出现了重视度不够、协同力不强、主责不清等问题，建议建设《纲要》成员单位的联动平台，一方面为落实《纲要》重点工作任务，更好发挥成员单位资源优势，促进跨系统单位的协同联动，明确责任分工，达成资源共建共享，建设社会化大科普工作格局；另一方面为强化老年科普工作的社会责任和重视度，提供保障。具体建议如下。

建议：建设《纲要》成员单位的联动平台

首先，围绕《纲要》核心任务，进行工作任务、目标和路径的分解和量化，结合成员单位资源优势，明晰各责任部门的核心任务和协调任务，促进跨部门的合作与协调，共同推进老年科普工作。

其次，要为老年科普工作目标和路径的制定，在以下 3 个方面做好数据支持。一是利用大数据和人工智能技术，通过大数据和人工智能技术对老年科普资源进行挖掘和分析，了解用户的需求和行为习惯，为个性化老年科普需求提供支持。二是建立老年科普工作的评价体系，建立科学合理的评价体系，对老年科普工作的质量和使用效果进行评估和监测，不断优化和改进科普内容和方式。三是加强国际合作与交流，借鉴国际上先进的老年教育理念和方法、老龄化社会建设路径和经验，与国际组织、学术机构等开展合作与交流，共同推动全球老龄事业发展。

最后，通过成员单位系统汇聚各类科普资源和服务群体，促进跨领域、跨系统、跨群体的科普资源和服务向老年群体转化，使其共享，以服务老年科普工作。

第五节　以数字化赋能老年人科学素质的提升

问题：老年教育资源发展不平衡、老年科普服务供需不匹配

从前期的调研发现，资源建设、科学素质水平与经济发展、地域等有直接的关系，教育资源、科普资源发展不平衡状态也是阻碍科学素质提升的关键因素。大多数老年教育机构在经费支持、资源保障、师资队伍等方面面临较大难题，直接导致老年科普服务供需不匹配。

建议：建设数字化服务平台，促进优质资源共建共享

一是要构建跨系统、跨部门的合作机制。例如国家老年开放大学从全国老年大学层面汇聚的教育课程高达 40.7 万门，但娱乐型课程占比过半。一方面表明通过资源整合提升了资源利用效果，另一方面因为资源类别同质化严重，所以资源种类不够丰富。因此，建议老龄工作相关部门联动不同系统和机构，建立以老年人科学素质提升、促进老年人社会参与和作用发挥为核心目标的联动合作机制，促进资源共建共享。

二是建立一个开放式的共享平台。在有力的共建共享机制保障下，制定统一的标准和规范，确保教育资源的品质和可靠性，提高资源的使用效率，激发社会各界的参与热情，丰富老年教育资源的来源，为整合和共享工作提供支持；对接老年科普服务的供需双方的需求，建立一个包含各类教育资源的数据库或资源库，如教材、视频、课件等，方便用户查找和使用。通过开放式的共享平台，逐步壮大老年受众社群、师资队伍群、服务机构群、资源库。

三是创新资源开发方式。采用创新的资源开发方式，如利用智能技术开发、制作相关教育资源，可以提高资源的多样性和趣味性，吸引更多老年用户参与使用。

四是加强宣传和推广。建设与主流媒体服务资源整合和联动能力。（1）建立社交媒体账号。在主流社交媒体平台上建立老年科普账号，如微信公众号、微博、抖音等。通过这些账号发布科普内容，与用户进行互动交流。（2）合作推广与分享。与相关机构或专家进行合作，共同推广科普工作。例如，与医疗机构合作，发布有关疾病预防和健康管理的文章或视频；与健身达人合作，邀请他们分享健康经验和锻炼方法。还可以鼓励用户分享自己的健康经验和故事。这可以增强互动性，提升用户的参与度，同时也能让其他用户从中获得启示和动力。（3）设计互动活动。通过设计有趣的互动活动，吸引用户参与。例如，开展健康知识问答、线上挑战赛等，鼓励用户分享自己的经验和观点。（4）利用数据分析优化内容。通过分析用户在社交媒体上的互动数据，了解他们的兴趣和需求，从而优化科普内容。例如，根据用户点赞、评论和分享的数量，了解哪些内容更受欢迎，从而调整发布策略。（5）提供个性化建议：根据用户的科普需求，提供个性化的建议和解决方案。这可以通过一对一的私信交流或定期推送定制化的内容来实现。（6）鼓励用户反馈。积极鼓励用户提供反馈和建议，以不断改进科普服务。可以通过设置"反馈"按钮、发起投票等方式收集用户的意见。（7）定期更新内容。确保内容的新鲜度和时效性，定期更新科普资源。这可以吸引用户的持续关注和参与。（8）优化视觉效果。注重内容的视觉效果，使用吸引人的图片、表格、视频和精心设计的页面排布来增强信息的可读性和吸引力。这有助于提升用户的阅读体验和记忆效果。（9）培训专业团队。建立一个专业的团队来管理和运营社交媒体账号。这个团队应具备健康教育知识和社交媒体运营经验，能够与用户有效沟通并解决他们的问题。

以上方式均可以有效整合和共享教育资源，提高老年科学教育的质量和效果。同时，可以根据老年人的特点和需求，不断优化和改进健康教育活动的设计和实施方式，提高老年人的参与度和满意度。

同时，利用新媒体手段开发更多更好的教育资源也是一种有效的途径，具体来说，可以做好以下 4 个方面的工作。

一是创建不同资源内容的网站和应用程序。例如建立一个专门的健康教育网站或应用程序，提供全面的健康信息和资源，包括健康知识、生活方式建议、健身指导、营养信息等。确保内容准确、易于理解，并提供用户互动和问题解答功能。

二是利用社交媒体平台。利用社交媒体平台，如微博、微信公众号等，建立教育官方账号，定期发布相关类别的科学知识和建议，与用户进行互动交流，回答他们的问题，为他们提供支持和指导。

三是开发相关教育视频和音频内容。创建教育视频和音频内容，如小故事、讲座、问答等。这些内容可以上传到视频网站、播客平台或社交媒体平台上进行共享和传播，供用户们学习。

四是利用网络直播和在线培训，举办老年教育的实时活动。

第五章

结论

一是本研究发现政府和社会各界在积极应对老龄化方面做出了不懈努力。基于我国人口老龄化发展态势，从国家到地方出台了一系列有关积极老龄化建设、养老保障、适老化改造、智慧助老、医养结合、老年教育等方面的政策，但在政策落实层面，由于相关的支撑保障与发展需要还不匹配，老龄事业整体发展需要加快速度。

二是调查发现老年人科学素质水平整体偏低、不同群体差异大。老年人科学素质水平整体偏低，在性别、年龄、教育文化背景、地域、经济条件等方面，呈现显著差异性。不同老年群体在科学意识、数字化、健康老龄化、社会参与等层面的测试表现差异较大，老科技工作者的科学素质水平高于普通老年群体，但整个老年群体在社会参与、科学意识层面测试结果远低于其他维度的表现水平。

三是老年教育是提升老年人科学素质的重要渠道。虽然老年大学、老年科技大学、社区老年大学等教学机构，在营造终身教育学习氛围、整合老年教育资源等方面发挥了重要作用，但也出现了整体服务面相对较小，资源同质化严重，教育理念相对滞后等问题。其中，刚刚起步的老年科技大学在一定程度上呈现出"公益、开放、科技"等优势，但相关配套资源支持及重视度需要着重加强。

四是社会各界以积极的实践行动在助力老年人科学素质提升方面发挥着重要作用。本研究对科普场馆、老年大学、媒体以及政府联合助老行动的实践情况、资源配置情况进行了调查和分析。"智慧助老""健康老龄化"行动已取得较大的成效，已形成比较有特色的资源平台和案例实践。但整体存在跨系统联动不足的问题，目前阶段的主要任务聚焦在养老、助老的基础性工作，对激发老年群体的社会参与、推进"享老"的举措不足，对协同推进老年人"健康素养"和"数字素养"提升的整体统筹谋划不足等问题。

五是本研究立足我国人口老龄化背景，从不同层面对影响老年人科学素质的相关因素进行调查和分析，结合《纲要》落实的重要内容构建老年人科学素质调查指标体系，开展老年人科学素质调查，并基于分析和调查问题给出具体对策。但本研究调查的样本量有限，影响因素分析还不够深入，特别是在老年群体对自身科学素质提升需求和认知层面的研究缺乏深入调研，下一步应加强老年群体的需求调研，对相关政策落实的跟踪调研，对老年人科学素质提升典型经验做法进行总结，在调动老年人社会参与积极性以及发挥老年人才作用等方面展开深入研究。